U0021130

藍學堂

學習 · 奇趣 · 輕鬆讀

專案
管理

玩一場
從不確定到確定的遊戲

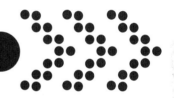

3大核心觀念 × 5項重要心法 × 6個執行架構

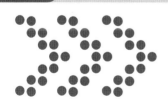

第一本專案大白話報到！
好懂秒懂知識專家，挑戰專案簡單說 ——— **郝旭烈** 著

「心法」比「方法」更重要

朱憲國
力晶積成電子製造股份有限公司
執行副總經理

接到老友的Line，邀請我為他的新書寫推薦序，感到開心之餘自然也是義不容辭。

然而一開始知道書名叫做「專案管理」，心理還真的有點為他擔心，因為這個題目實在有點大，但經細讀之下，也就慢慢釋懷了。

這本書寫的不只是專案管理的「方法」， 還包括了「心法」。「方法」談的是如何運作專案的「機制」，「心法」則多著墨於「人性」。

專案管理的「方法」，不外乎是整合人、事、時、地、物 ，推動專案的「規畫」與「執行」，以達到專案設定的目標。但是一個專案（尤其是大型專案）要推動成功，絕對不可能100%依最初的規畫，過程中必定會遭遇因內、外在的環境變化，產生層出不窮的大小意外，有時甚至連專案目標都要修訂（re-targeting）。

此時，一個PM（project manager，專案經理）要如何調整及克服這些問題，則需要用到書中所提的「心

法」。

　　郝哥與我皆是IE（Industrial Engineering，工業工程）專業，他的職涯內容豐富多樣，本身就是一個專案管理的良好示範。

　　本書不談深奧理論，單純就日常生活及工作的經驗俯拾皆是，可讀性高，足以做為PM的入門參考。

專案人生

何麗梅
台積電歐亞業務資深副總經理暨
企業社會責任委員會主席

記得一開始認識旭烈Caesar的時候，就是台積電內部合作進行流程改善的專案。

後來邀請他從工業工程部門轉入財會部門，然後又參與台積電大陸第一座晶圓廠的專案。一路走來，可以感受到他對專案管理的熟稔應用與不斷成長。

不管是整合規畫、解決問題能力，以及圓融待人處事方式，都可以看得出來他雖然執著於專案管理達成目標的精神，但是卻不會受限於一般專案管理理論上的條條框框。

就像他說的，「專案管理是玩一場從不確定到確定的遊戲」。目標雖然是確定的，但是不確定的過程，要有隨時因勢利導應變的能力，這個才是專案管理的精髓。

這本書沒有太多說教，更沒有艱深難懂的理論，讓人愛不釋手的，是順著很多Caesar自己的小故事，就可以理解如何做好「對事更對人」的專案管理。

誠摯推薦，相信這本書不管對人生成長、對工作職場，都可以有很大的助益。

理解不確定，才能玩出好專案

李森斌
王品集團副董事長

　　第一次結識郝哥是在商周CEO商學院專案管理的個案分享上，講述內容沒有太多艱深難懂的專有名詞，生活化和接地氣的描述，把我們一般覺得很有距離感的專案管理，交流得生動有趣。

　　尤其是很多平常令人糾結的專案管理觀點，都有了耳目一新的感受。

　　例如老闆主管們常常在進行專案管理時，會被員工抱怨「朝令夕改」，讓屬下莫衷一是。

　　但是郝哥說，「朝令夕改」本來就是個常態。因為明天是不確定的，未來的每分每秒都是不確定的，真正造成朝令夕改的，並不一定是老闆或主管，反而是公司的每一個屬下、每一位員工。

　　因為組織所有人都是資訊的末梢神經，一旦未來資訊有所改變，過去決策的改變就會成為必然，那麼朝令夕改就是一件有利的事。

　　這就是為什麼我特別喜歡郝哥所說的：「專案管

理，就是玩一場從不確定到確定的遊戲。」

雖然「目標」是「確定」的，但是達成目標的「過程」有各種不同方法，會遇到各種不同情況，這些肯定都是「不確定」的。甚至我們都「不確定」所使用的方法，會不會「確定」達到我們的目標。

所以把長時間的大目標切割成短時間的小目標，便成為非常重要的概念。

這就是郝哥說的，「少就是多」、「小就是大」、「慢就是快」。

例如我們每個人或每間公司都會在新年開始時訂定新計畫、新目標。如果我們每一季檢視目標一次，那麼一年只有4次修正機會；每一個月檢視目標一次，那麼一年就有12次修正機會；每一週檢視目標一次，一年就有52次修正機會。

所以說，把一年的目標切割成52次，變成每一週一個小目標，不僅達成目標的壓力變小，也讓修正頻率變高，使得調整成本和走錯冤枉路的回頭成本也相對降低。

這也就是「少就是多」（Less is more）的本質。小小的目標，會降低努力的抗拒感，也會讓修正變得容易，最重要的是還會建立一種持續前進的「好習慣」。

就像我們常聽到的，好的人生源自於好的習慣，好

的習慣透過時間的力量和複利效應，就會讓成功開花結果。而「小目標、勤修正、好習慣」也是「敏捷式」專案管理的精神。

諸如此類白話又親民的專案管理內容，在書中每個章節俯拾皆是。郝哥用非常務實又深入淺出的故事和案例，讓大家可以輕鬆的吸收和學習。

真心地推薦給大家，一本讓你回味無窮又能輕鬆掌握專案管理的好書。

專案管理不如你所想的艱深難懂

侯劭諺
喜特麗國際總經理

我跟郝哥是在專案進行下認識的。

商周有個很有特色的課程，其中會找學員來參與下次課程的製作，在一次由我擔任課程共同策畫的角色時，數次和郝哥參與討論該怎麼讓同學了解專案管理，當然在課程開始之前，就得由郝哥來說明他要怎麼在有限的時間內，讓同學對「專案管理」有個初步認識

一開始，他就用了一句話讓我印象深刻，郝哥說：「專案管理就是玩一場不確定到確定的遊戲。」又說：「它就是有個確定的目標，但不確定的過程。」是啊！跟我之前學到的生硬定義來比，這樣的解釋讓人更能夠體會呀！這就是郝哥神奇的能力，可以用生活化且活潑的比喻來傳授知識，再加上很多有趣的順口溜，讓讀者可以快速抓到重點，並且很容易地產生共鳴。

書中沒有艱深的專案管理術語，也沒有很難懂的理論學派，而是郝哥透過自身的職涯經歷來舉例，道出讀者心中的疑惑同時給予心法傳授，讓我在讀這本書時，就像在看一本有趣的故事書，引人入勝。

其實不要以為專案跟你沒關係，本來人生就是一個專案，所以每個人都應該學習如何「專案管理」，如果你害怕艱深難懂的管理書籍，那麼你就更應該好好看這本書，書中用了許多生動的順口溜替讀者把重點都淬鍊好了，而且字字精彩、句句單押（好吧，沒有單押）。

　　只要每天進步1％，一年後可以強大37倍，小快步成功就從閱讀開始。這是一本節奏明快、深入淺出的好書，推薦給各位！

修！才是專案的本質

郭奕伶
商周集團執行長

「如期、如質、如預算」，是以前學專案管理的三大原則，守不住這三條底線的，就是失敗專案。

但一進到數位時代，尤其是跟數位轉型相關的專案，你會發現，這三大底線要守住……好像變得很難？

光是一個專案目標，就不容易定！

為什麼？數位轉型，所有企業都還在路上，沒有一家公司敢說自己轉型完成，尤其是商業模式，很多企業都還在摸索，不是還沒找到答案，就是進化中。

所以，如果你帶領的是數位專案，你今天定下的專案目標，真的做得到？甚至在執行過程，你可能發現，當初的目標設錯方向、設錯數字。這時候怎麼辦？

在後疫情的數位時代，市場一日三變是常態，產業典範轉移快到超乎你的想像，你會發現，專案管理跟過去很不一樣。

我喜歡郝哥對專案管理的形容，「它就是一個摸底的過程」，不斷摸市場的底。只是在數位時代，你摸底的頻率、次數都跟過去不一樣了！

過去，如期、如質、如預算，這三大緊箍咒動彈不得；如今的專案卻是朝令，可以夕改；它跟過去最大的不同有二：

一、目標的修正會比過去更頻繁、更迅速。
二、成功的機率比過去更高。因為數位科技，讓專案能以最小可行性產品（MVP），迅速得到市場反饋，據此不斷修正，更容易打中市場。

　　所以，專案管理的本質只有一個字：修。

　　「有道無術，術尚可求也。有術無道，止於術。」老子說，如果我們掌握了事物的原理，即使沒有技術，仍可學習而得；若只學了技術，卻不了解其本質，就只能停留在術的低層次了。

　　這本書最獨特之處，就在於郝哥講的是「道」，而非「術」。

　　擁有跨科技、金融各領域的專業，加上縱橫職場數十年的心得，郝哥對專案管理之道，有比別人更深刻的反芻與精煉，因此你可以跳過許多技術障礙，直接掌握本質。

　　在數位時代，這本書是新專案管理的寶典，值得你細細咀嚼。

經營管理者的武功秘笈

張永昌 (張永昌)
鬍鬚張股份有限公司董事長

　　非常開心在2021年7月16日在商周CEO 50聆聽「晶華酒店——潘思亮董事長」分享2020年1月23日COVID-19疫情肆虐，觀光客瞬間跳水式減少、宴會餐廳禁止內用，營收大幅下滑之際激發出生死存亡的急迫感，親自上陣主持各事業團隊進行危機處理，一個月內透過70至80個專案會議密集討論、穩定軍心、共商策略、凝聚共識、撥雲見日，帶領集團找到生存下去的方法，整個集團事業脫胎換骨順利度過難關。

　　緊接著聆聽郝旭烈老師主講「專案管理」，聽講過程多次出現心有戚戚焉的感受，結合書中章節分享如下：

瀑布式管理和敏捷式管理哪個比較好？

　　讓我想到「孫子兵法九地篇」說到：兵可使率然乎？故善用兵者，譬如率然；率然者，常山之蛇也，擊其首，則尾至；擊其尾，則首至；擊其中，則首尾俱至。

這個問句的答案是：任何人面對生死存亡之際，莫不分分秒秒、心心念念結果如何？

此時敏捷式管理方式最恰當。

客房部沒了觀光客，客房部主管和同仁全部投入餐飲事業群，一個月內必須轉型成功，最少讓員工有工作維持生計，讓集團保有最起碼的現金流量支撐財務運作順暢。

這就是每天密集進行PDCA專案管理活動而日見有功，每天早中晚修正，比每週修正一次或一個月才修正一次要強上千萬倍。

為了達成公司總體目標，各種業務進度隨著COVID-19疫情變化，應對措施持續調整、修正。身為事業負責人或總經理，授權之後依然要負起總責任，所以非常需要得到即時回饋、即時修正的訊息方得以安心。

參考本書「三大核心觀念篇」的圖2-1可知其觀念：經營重成果、管理重過程，寧願每天敲鐘，關注先行指標訊息因應變化，也不要過了一個月才根據落後指標的損益表再舉行追悼會，這就是「敏捷式專案管理的精髓」。

日常經營過程，董事長、副董事長、總經理理當是最大的專案經理人，公司治理想要有風險管理與良好發展，平時就要透過專案管理來選才、育才和用才，為公司有效培育更多後繼經營管理人才，確保公司永續經

營、成長發展而基業長青。

　　如同棒球隊的板凳球員隨時隨地都能上場出戰的備援機制。事業單位主管或是具有潛力的明日之星，都可以選任為專案經理人。

什麼樣的人適合擔任專案經理？

　　他是一個僕人的角色，善於溝通幫助別人成功，具有謙沖為懷的個性，會把成員的成功放在自己前面而加以表揚的人。

　　他是一個將心比心堅持專業，懂得團隊贏就是個人贏，互利共榮命運共同的道理；完全把公司的利益擺在第一位的人，一切以公司利益為主要依歸。

　　他是教練不是控制狂。

　　本書中所說「問題是專案經理解決，麻煩也是專案經理承擔」，這就需要具有「願意當責」、「利他主義」、「強烈好奇心」的人來擔當，始能獲得事半功倍的效果。

　　專案經理打破組織藩籬，是跨越部門別、統合事務指揮作戰的人，在該任務上他就是總經理的分身。這是一個手握尚方寶劍，推動企業重大改革的人，更是一個可以鍛鍊能力的表演舞台和建立戰功的機會。

　　如果專案成功，可以提升經理人在企業內的能見

度，培養人望、聲望與威望，成為受人尊敬的人。

若要如何全憑自己，挑選一個有能力又願意承擔責任的人選，開始練兵就可創造出無限的可能性。

可學習與思考的重點繁多……

像是「圖表7-2 專案4階段的學習重點」對於公司想做的事，不管目標合不合理，只要找到對的人上車，自然就會激盪出可行的辦法，找到出路。

還有「圖表5-1 專案前、中、後應該關注的問題」，看圖表可以理解願景目標要簡短有力、清晰動人。

以及「目標設定如何有利於執行？」，目標設定猶如螞蟻吃掉一頭大象的道理，將一頭大象細分切為幾千幾萬個小單位，然後分日、分週、分月、分年，有紀律地執行分解行動，再大的大象也會被千千萬萬隻螞蟻瞬間分解。另外，「圖表10-1 時間與數字的意義」就是制定有具體數據、有時間期限加上實現目標的意義，讓專案經理人和團隊成員知道為何而戰、為誰而戰。

郝老師嘔心瀝血為企業界開發出「3大核心觀念」、「5大重要心法」、「6大執行架構」，讓新手有所依據，讓熟手溫故知新，是一本企業經營管理人才不可或缺的武功秘笈，我很開心可以向大家推薦。

併購轉型都少不了專案管理

朱志洋
友嘉集團總裁

我是在商周CEO 50的課程，認識郝旭烈先生。

他現任大亞創投執行合夥人，評估過非常多家創業投資案，曾任新加坡淡馬錫集團富登金融控股公司董事總經理及行政副總暨財務長，力晶半導體集團總經理特助、經營企畫處長；台積電財務高階主管；PMP專案管理師。同時也是斜槓作家，出版了《好懂秒懂的財務思維課》、《好懂秒懂的商業獲利思維課》、《富小孩與窮小孩》。

他這本新書《專案管理：玩一場從不確定到確定的遊戲》用淺顯易懂的文字，帶大家深入淺出地了解專案管理的3大核心觀念、5大重要心法及6大執行架構。

其實企業常在執行「專案」，任何專案管理，都無法迴避三個重要素：成本、執行進度管理、專案成效管理，一般人在執行專案上會碰到許多的挑戰，包括環境變動的問題、資源分配的問題、目標設定的問題、執行成效的問題……。所以作者在書中一一地解答如何在專

案中，面對可能發生的問題，例如：

一、在開始專案前，如何選擇專案？——選擇具有最大效益的方案。

二、如何訂定專案期限？——可以先反問自己：「如果期限到了，做不到會怎麼樣？」

三、如何籌組專案團隊？——應用兩少、兩加及兩共同原則。

　　1.兩少：減少專案進行數目、減少例行工作負擔
　　2.兩加：增加專案遴選高度、增加參與的組織獎勵。
　　3.兩共同：專案成員共同計畫、管理決策共同參與。

四、如何面對專案過程中的變動？——情況不一樣就要跟著變，哪裡好就往哪裡去。

五、專案執行的關鍵——不要憑感覺，而要用數字做客觀的描述，缺乏數字就容易落入主觀的判斷，而非客觀的事實。

六、完成專案後，最重要的是？——要把過程中的點點滴滴記錄下來，尤其是「數字」這種客觀的事實，如此一來，公司才有未來參考的依據，才有未來該怎麼做的基礎。

友嘉集團過去40年來，透過併購與合資，目前在全球有95家公司，遍布德國、瑞士、法國、義大利、美國、俄羅斯、印度、泰國、台灣、日本、韓國及中國大陸……等地，包括與全球知名企業的17家合資公司。擁有37個國際知名品牌，總和歷史超過三千年，當中有9個百年以上品牌。

　　過去很多企業主，受限於併購成功的比例只有30％，而對併購裹足不前，其實併購是企業提升自己技術量能、擴大市場、進行轉型的大好機會。企業主不懂外文沒關係，只要懂人；不懂技術沒關係，只要懂數字，藉由汲取併購的策略實務與前人的經驗，並且量力而為，謀定而後動，即可透過重組、整合來產生新的綜效，創造雙贏。

　　我對於作者在這本書中所提到的幾個觀念，特別是「數字」是客觀的執行關鍵，個人非常認同，對於想學習專案管理的人，相信閱讀這本書應該會有很多的收穫。

打開專案管理成功思維的藏寶庫

郭仲倫
前展顧問股份有限公司總顧問

相信讀過郝哥財商三本著作的粉絲們，在財商的成功思維方面，一定收穫滿滿。遵循這些成功的思維，相信大家一定和我一樣迫不及待地想要嚐試，但如何有效的執行，才能成功達陣，郝哥藉由此新書分享他創新且系統化的專案管理實務心法與思維，指引大家邁向成功的捷徑，不走冤枉路。

我何其有幸與郝哥緣起共事於台積電營運流程的改造工作，之後在郝哥任職淡馬錫集團富登金控時，又能與郝哥再次合作建置他所負責的多專案管理系統與營運機制，一路上我們從參與多元性專案的實戰執行、一起考上國際專案管理師PMP証照、擔任專案管理專業講師與顧問，郝哥無私的分享，啟發了我許多嶄新的專案管理思維，至今受用不盡。

郝哥是我朋友當中的傳奇人物，可用「心想事成」四個字來形容他，凡他心中想要完成的事，如領導新創事業、鐵人三項、多項節目主持人及知名作家等，都能快速達到高水準境界。能跨如此多領域且樣樣都有卓越

成就的郝哥，在我過去二十多年的觀察，絕非靠運氣。郝哥行事風格在態度、速度、溫度三度空間的表現，面面俱到，處事有態度、完成有速度、成果感人有溫度，令人佩服，值得大家來學習他的成功之道。

　　此次是郝哥重磅推出的第四本新書，他將專案管理獨到的邏輯觀點，以及快、狠、準的實務經驗，充分融合後創新發展出14招高效執行心法（3大核心觀念、5大心法養成、6大執行架構），再透過郝哥大白話的精湛詮釋，招招簡單易懂好上手，為企業內參與專案工作的相關主管與工作者必讀之書。在此熱烈地邀請所有專案工作的好朋友們，一同來打開郝哥專案管理成功思維的藏寶庫，也祝福我的好兄弟郝哥新書再次大熱賣，所有讀者專案工作順利成功。

認識郝哥是在商周課程及大大學院的「專案管理」上，郝哥熱衷鐵人運動，用「專案管理」來看就是在有限資源（體能、時間、練習）下來完成一場挑戰自己的賽事。企業資源（人力、時間、金錢）寶貴，如何有效運用來創造價值，就得回到「專案管理」執行結果。本書是郝哥在職場上經歷風浪、串習「專案管理」諸多觀念所凝聚之智慧，在此特別推薦。

——邱鴻仁／信鍇實業股份有限公司總經理

郝哥的專案管理課程是給予面對「不確定」變局的領導者一劑「確定」的強心針。本書的精妙一定要親自體會！

——林宏遠／可爾姿（Curves）台灣區執行長

這些年百鮮的行銷從線下導入線上，以「量身訂做」為口號，大部分的客戶都是線上而來。針對不同客人的不同需求，生產與業務常為了這些「不按牌理出牌」發生衝突。拜讀郝哥的專案管理，才明白我們的業務類型從傳統進入了「敏捷時代」。我們都知道企業要「擁抱變化」，可是對於變化之後該如何管理總摸不著

頭緒。這本書，有邏輯思維、案例分析，更有工具方法讓我們檢視自己的現況，而且容易讀，非常適合正在轉型路上的我們做為學習的最佳讀物。

——林裕閔／百鮮企業有限公司總經理

任何的決策執行都是專案，如果不懂專案管理，等於不懂公司經營！專案管理力＝公司競爭力！推薦本書讓我們可以快速掌握專案成功關鍵。

——林毅桓／創維塑膠股份有限公司總經理

與郝老師相識是在商周CEO 50的課堂上，課堂中老師總能將理論及實務完美的結合，務實的教學方式，每每讓我有所思省及啟發，獲益良多。誠心推薦老師的新書給大家。

——徐清航／鴻盛建設機械有限公司總經理

推薦每一位工作者都要擁有的一本書，郝旭烈老師透過專案管理這個架構出發，從心理層面的培養到外在環境變化的應對，由內而外的架構，看完真的不單純只

關於專案管理，更延伸出人生管理的心法。

朝夕令改是一個常態，專案是「一場從不確定到確定的遊戲」，確定的階段性目標，不確定的執行過程，貫穿不確定到確定的關鍵因素就是「嘗試」，並且「全力以赴」做好當下每一個目標！如同佛家所謂的「活在當下」，本書透過專案管理告訴我們如何調整自己心態以不變應萬變。

與其不斷疲於解決問題，不如建立一套解決問題的系統，本書第一篇觀念建立：告訴我們專案的本質；第二篇心法養成：告訴我們推動專案的關鍵因素；第三篇架構執行：告訴我們如何掌握專案執行的重點，一步一步為自己、為團隊、為公司建立一套有效系統。

——楊子儀／經緯度企業有限公司共同創辦人

玩一場從不確定到確定的遊戲

郝旭烈 Caesar

　　進入職場第一份工作，就是在台積電擔任專案經理角色；後來不管是台積電大陸公司籌備專案，抑或是進入力晶集團和日本公司合資籌備專案，甚至進入淡馬錫集團後直接設立專案部門，管理大大小小幾十個專案。一路走來，幾乎每天工作都脫離不了跟專案之間千絲萬縷的關係。

　　所以在我自個兒心目中，感覺上專案管理就跟呼吸、吃飯一樣，很自然地伴隨著生活和職場上的點點滴滴。

　　直到後來因緣際會，因為好友邀請參與了專案管理證照的考照教學，自己也取得了專案管理證照。接著，就有了更多機會和更多人交流專案管理的概念，甚至進入各大公司教授企業內訓。

　　這時候才發現，竟然很多人對專案管理產生兩種負面認知：

　　1、學習前，覺得專案管理實在好難。

2、學習後，覺得專案管理不太好用。

這兩種認知，對於我這種一輩子都在專案管理圈子裡打滾的人來說，會覺得匪夷所思，因為對我而言，專案管理本身就是一種不可或缺的好工具啊！

所以，為了要了解並且跨越這種認知迷失，我花了很多心血研究為什麼專案管理在「學習上」和「使用上」會有這樣的鴻溝。

結果發現，其實和很多學問一樣，一旦變成一門專門學科之後，就會出現非常多專有名詞產生大家的距離感。另外就是太多理論，眾多框架時常讓落實執行變得無所適從。

所以說，既然專案管理如此的重要，只要讓大家，簡單白話容易懂，易懂好用才有用，便是推廣專案管理並且撰寫本書，想要帶給所有讀者的初心。

因此從根本上，打一開始我就給「專案管理」一個重新大白話的定義：「玩一場從不確定到確定的遊戲。」

其實認真想想，不管是人的一生或是企業的一生，什麼時候開始到什麼時候結束，都是「不確定」的。

但是追尋「確定」的這種安定和安全感，卻是存在我們骨子裡的基因。

所以，儘管在「不確定」未來的情況之下，我們還是要設定一個可預見的目標，讓這個暫時「確定」的目標，成為我們努力方向。專案正是如此所應運而生的。

既然這個確定的目標是暫時的，而未來的過程也是不確定的，那麼可以想見在整個專案管理精神中，「變」這個字便扮演非常關鍵角色。

而因勢利導、順勢而為、與時俱進，便是不要拘泥專案管理框架而能夠見招拆招的重要觀念，如此也才會讓專案管理的學習變得接地氣、變得有用。

所以這本書從釐清專案管理的三個「關鍵觀念」開始，接著傳遞五個重要「心法」，到最後六個重要「執行架構」。一路娓娓道來，沒有過多艱澀難懂的專有名詞，取而代之是很多生活案例和職場故事。希望大家閱讀當中，能夠「看看別人，想想自己」，「試著模仿，刻意練習」，將專案管理真正融入生活、融入工作，從「開始用」到「真有用」。

讓我們一起玩好這一場，從不確定到確定的遊戲。

目錄

第1篇
觀念建立

心法養成

架構執行：6T

1

第

觀念建立

1.專案本質：玩一場「不確定」到「確定」遊戲

2.專案理論：從「最終可見」到「最小可用」

3.專案迷思：「朝令夕改」是常態

第1章

專案本質
到底什麼是專案管理？

- 專案就是因勢利導和順勢而為
- 專案就是持續為生命找到出路

專案，從「不確定」到「確定」的遊戲

我的志願

記得小時候會出一種作文題目叫做「我的志願」，不管國小、國中甚至更大一點，都有類似情境讓我們思考，到底未來想做些什麼？

傳統上像我這樣的男孩子，從小就常常被社會認定要去搞一些機器設備或勞動手做的東西，所以工程師、發明家、科學家就常常出現在我作文榜單「我的志願」裡的頭幾名。

後來看到「老師」這個工作，竟然有權利打我罵我，如此的雄壯威武，我又立志將來能夠當老師。

接著又有人叫我做醫生，說可以賺很多錢，但是當我第一次受傷跌倒，看到自己流血就快昏倒的時候，我就知道這條路是癡人說夢。

之後因為家裡是天主教的關係，我從小在讀經班裡的成績又非常好，所以有很多神職人員和傳教士鼓吹我去當神父。本來還信心滿滿覺得這是個不錯的方向，但是知道神父不能結婚，再加上我對「創造宇宙繼起之生命」有非常強大使命感，所以也就毅然決然地放棄了這個選項。

有趣的是，不僅僅是求學時代這種「我的志願」作文題目，會隨著時間持續而變來變去，當我真正走入職場之後，整個工作歷程與角色，也是持續不斷地改變，從工程師、專案經理，到財務人員、總經理特助、經營企畫、技術商業談判，到財務長、法務、業務拓展甚至資訊管理，再成為如今的創投合夥人、企業講師和出版作家等。

說實話，這些工作一直持續不斷地變來變去，就算同一個崗位，也沒有一個工作內容是一成不變的。

甚至有很多種類型的工作，是我小時候怎樣想也想像不到的，因為根本沒有經歷過，甚至根本還沒有出

現，因此又怎麼會知道有這樣子的工作？

但可以肯定的是，這些一直不斷地變來變去的工作歷程，對我都是非常有價值的經驗，因為在我「嘗試」過之後，這些所有原來「不確定」的東西，都變成我「確定」的知識和能力，並對未來的計畫和判斷，提供了最有利的養分。

也因為這樣子一路走來，更深刻體會到，我們真的沒辦法理解從未經歷過的經驗、從未出現過的事件。

所以，不斷「嘗試」，就變得異常珍貴。

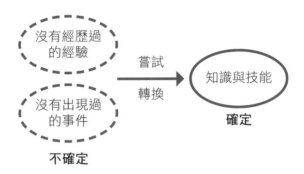

圖表1-1 嘗試才能把「不確定」變成「確定」

記得在大學時候聽過一場演講，主講人是我非常尊敬的一位企業家和創業家，演講完畢之後，有人請教他，他是怎麼樣一路走來做好自己的人生職涯規畫的？

他的回答時至今日，還一直啟發著我……。

他說：「我當然有個努力的方向，但是從來沒有哪個職涯規畫完全照著我的設定走，我所做的，只不過是在每一個階段，盡力把它做到超乎期待，對自己有交代，然後等待下一個機會來臨而已。」

所以，「做好每一個當下目標，迎接每一個未來目標」正是讓事情往越來越好方向發展的重要關鍵。

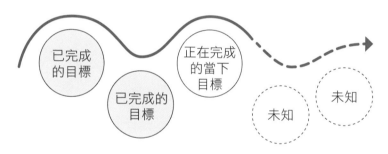

● 現實中的目標旅程：非線性平坦的道路

● 你以為的目標旅程：直線平坦的道路

圖表1-2 目標旅程的現實與理想差距

公司志願

　　個人是這樣子，公司企業或組織也是如此，從來沒有計畫到了最後，結果和原來設想的一模一樣。

　　舉例來說，不管是自己經歷過的幾家公司，或是從大陸到台灣認識無數的企業家和創業家，每一間公司在年底的時候，肯定都要擬定未來一年的預算計畫。然而，到了下一年年底的時候，如果你問大家有沒有百分之百達成自己的預算？

　　那肯定百分之百的人答案都是「否」。

　　只因為沒有辦法百分之百達標，所以整個公司組織就覺得過去這一年失敗了嗎？然後，再繼續運營的過程當中，就不要做任何預算計畫，不設定任何目標了嗎？

　　我想這個答案基本上是顯而易見的，不管計畫偏離得再離譜，不管目標達成得有多低，這一切都是再自然不過的事。

　　所有的過程，也是未來持續前進最重要、最有價值的嘗試和經驗。

　　這還只不過是每一年短期的預算計畫。

　　當我問一些更資深創業家，或者已經經營了幾十年，甚至近百年的老店或老公司，他們的經營模式、服務內容還有銷售商品，是否一路走來都始終如一？

幾乎所有答案都非常一致：

「怎麼可能會始終如一呢？」

就算商品相同、服務相同，操作和商業模式，甚至各種不同的經營工具，也必須隨著時代的更迭而「與時俱進」。

就拿大家非常熟悉的蘋果電腦Apple來說吧，在我年輕的時候，昂貴的麥金塔電腦可以說是Apple的代名詞。在那個時候，賈伯斯就算再怎麼優秀，再怎麼有先見之明，他怎麼可能知道未來他要做iPod、iPad還有iPhone？更重要的是，身為一個硬體設備製造商，他又怎麼知道，未來獲利來源除了賣這些硬體設備之外，還會有iTunes、AppStore讓他賺得盆滿缽滿，甚至最後還在世界各地成立各種不同的實體店？

除此之外，在我們周遭三步一小家、五步一大家的便利超商，是小時候想都沒想到的存在。一開始看到便利超商，以為大概就是新型態的柑仔店或是雜貨店而已。又怎麼能想到有一天，這種商店會遍地開花，不僅僅賣吃的喝的，甚至繳費訂票、充當郵局取貨，還是早餐店、咖啡店，只要讓人們「便利」，幾乎是無所不包的好鄰居。

如果任何一家企業或者公司，都因為沒有堅持他們一開始所設定的模樣或目標，就被視為經營失敗的話，那麼放眼望去，現存所有歷史悠久的公司或企業，都不符合這個成功的定義了。要記住，努力從來沒有失敗，只有暫時停止成功。

> 努力從來沒有失敗，
> 只有暫時停止成功。

所以說，不管是「我的志願」也好，又或是「公司志願」也罷，透過前面的描述，我們大概可以很清楚地歸納，在一路成長發展的過程中，共有三個共通關鍵性的結論：

1.目標是「確定」但也會變動

不管小時候我的志願是工程師、老師或是醫師，然後長大之後變成財務人員、特別助理、企業講師或是作家，「每個階段」都肯定會有「確定」的目標。只不過這樣的目標，會隨著時間的推進、個人成長與接觸到的環境而不斷地變化。

企業組織也是如此，阿里巴巴從線上企業商務媒合

平台轉變成個人購物平台，然後為了完成交易最後一哩路，又衍生出了支付平台業務。然後進一步，一點一滴地擴張變成了金融業務還有大數據服務。

在每一個不同階段裡，阿里巴巴肯定也有「確定」的目標，只是長著長著、走著走著，這樣的目標也會跟著不一樣了。就像我們從小長大，腳長了、身子高了，總要換雙鞋、換件衣服，道理是一樣的。每個階段都有確定的目標，不同階段會有不同的目標。

> 每個階段都有確定的目標，
> 不同階段會有不同的目標。

2.過程「不確定」要不斷嘗試

因為每個階段都有不同的目標，所以過程要怎麼達到，肯定是「不確定」，也沒人說的準。

就像我當初想考大學、想上研究所，看起來目標非常明確。但是要怎麼樣安排讀書計畫，怎麼樣確保每一科成績都能夠達到標準，甚至每年出題方向都不一樣，要怎麼樣掌握每一年考試脈動，還有留意考題與時事結合等等因素，這些邁向目標的過程，完全是「不確定」、也沒有一個標準可以依循的。

公司也是一樣，就算要全力以赴達到目標和預算計畫，但是你也不知道過程中生產製造會出現什麼樣的問題。會不會有競爭者突然跑出來？公司的關鍵人物會不會離職或是有什麼變動？甚至會不會有類似疫情這樣黑天鵝事件突然出現？這一切邁向目標的過程，也是充滿著眾多的「不確定」，也同樣沒有一個標準可以依循。

所以說，不管是公司或是個人，就算有「確定」的目標，在面對「不確定」的過程裡，不斷嘗試、且戰且走以及摸著石子過河，絕對不是不負責任的觀念，反而是我們必須認清的趨勢和事實。

3.所有經歷都是「專案管理」

說到這裡，我們可以開始認真來說說，到底什麼是專案管理了。

很多人都告訴我，他不懂專案管理，他不知道什麼是專案管理。實際上，我們真正不清楚的，可能只是「專案管理」這四個字。

先就概念上來說，專案是在每一個「階段」，會有一個希望「達成」的「目標」，但是達成的方法沒有既定的「規則」可以依循，所以我們就希望能夠成立一個「專案」來管理它。

假設這樣的概念大家可以理解的話，那麼不管是前

面曾經說過的個人求學歷程、工作職涯、減肥運動、購屋買車甚至是終身大事，都屬於各種不同專案。就公司而言，從開始創業、成立新部門、發展新服務新商品、拓展新市場新區域、尋求新貸款新股東，這些也都是各種不同專案。

　　這些所謂的「專案」，有著兩個非常關鍵且共同的特性，就是確定的階段性目標，不確定的執行過程。

> 確定的階段性目標，
> 不確定的執行過程。

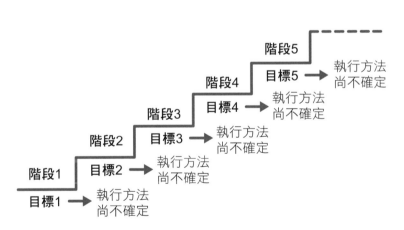

圖表1-3 專案從不確定到確定的遊戲

這就是所有專案的本質，具備階段性「確定」的目標，同時卻又面對著達成目標「不確定」的過程。

　　也因此，針對「專案管理」這個大家既熟悉又陌生的名詞，我重新定義它，叫做「不確定到確定的管理」。

　　或是像我平常用大白話告訴大家的，專案管理其實就是玩一場遊戲，玩一場「不確定到確定的遊戲」。

　　這個定義裡面最重要的兩個關鍵字，就是「不確定」和「確定」。就像下面的舉例：

　　人生「確定」要活得好，但「不確定」怎麼能活得好
　　從小「確定」要學得好，但「不確定」怎麼能學得好
　　長大「確定」要工作好，但「不確定」怎麼找工作好
　　結婚「確定」要對象好，但「不確定」怎麼找對象好
　　孩子「確定」要教育好，但「不確定」怎麼才教育好
　　創業「確定」要發展好，但「不確定」怎麼能發展好
　　產品「確定」要銷售好，但「不確定」怎麼能銷售好
　　公司「確定」要管理好，但「不確定」怎麼能管理好
　　……（多到舉不完）。

　　從一個確定到另外一個確定，就算過程不確定，我們也非常確定，一定要邁向下一個確定。

這就是專案管理的本質，也是專案管理持續不斷追求的方向。

花了這麼大的篇幅，完整的一個章節，陳述了專案管理的本質，是想讓大家知道、也能夠記住這門學問就是一個這樣的過程：

「從不確定到確定的管理」或是「從不確定到確定的遊戲」

不管對個人或是公司都是一樣，這也是貫穿整本書最核心的重要觀念。唯有了解了這個「從不確定到確定」的專案管理概念，接下來我們才可以繼續展開下列四大議題：

- 為什麼要做專案管理？——WHY
- 怎麼樣做好專案管理？——HOW
- 專案管理要做些什麼？——WHAT
- 誰適合來做專案經理？——WHO

這些都是我們實際在日常生活與工作中會面對、碰到必須解決處理的各式各樣議題。

1. 你能否用自己生活或工作的上的案例，用「確定」和「不確定」來陳述自己的專案。（例如：我「確定」要在半年內減肥10公斤，但我「不確定」用什麼樣的方式可以確實地達成這個目標。）

2. 讀完今天的課程之後，你會如何重新看待很多人口中所謂專案目標「如期、如質、如預算」的說法，你同意這樣的說法嗎？能否舉例說明你的觀點？

第2章
專案理論
瀑布和敏捷哪個比較好？

- 最終可見是不得不為
- 最小可用是必然趨勢

趨勢，不是選擇題

　　不管是平常碰到的好友，或是在專案管理企業內訓的學生，常常有人問：「到底是學習『瀑布式』管理比較好，還是『敏捷式』管理比較好？」

　　像我自己取得PMP證照（Project Management Professional，瀑布式專案管理證照），後來也教授PMP證照課程，一直到後來敏捷式專案管理盛行，雖然我沒有直接教授這門新課，但是好歹吃這行飯的，也努力買幾本書回來認真K一下，不僅跟得上時代，也讓自己弄清楚到底這兩個理論，從「瀑布」到「敏捷」，有什麼樣的差

異，又應該怎麼樣選擇？

很多人告訴我說，瀑布式專案管理比較在乎文件，比較在乎流程，屬於大型專案管理，整體執行上比較複雜……。至於敏捷式專案管理，比較彈性，不拘泥於流程，屬於輕薄短小專案管理，相對上沒那麼複雜……。

說實話，對於這些評論我並沒有太多意見，只是從自己的經驗，以及對專案管理這門學科的認識，感覺這兩種專案管理，就好像當初人們用馬車作為代步工具，然後突然有一天，發明了汽車，接著我要比較馬車和汽車之間差異。畢竟，從馬車到汽車，不是「選擇」的議題，而是一種演化、一種成長，一種隨著進步不得不為的趨勢。

我自己對於這兩種專案，本質精神上有不同的定義：

1、瀑布式專案管理：最終可見
2、敏捷式專案管理：最小可用

簡單來說，瀑布式專案管理通常都是到最後把專案完成了，你才看得到結果，而且進行當中，你只看得到「過程」。換言之，沒有把整個過程完成，用戶就看不見、也體驗不到成果，所以我把它叫做「最終可見」。

相反的，敏捷式專案管理在每一個小階段，都可以讓使用者或用戶看到完成品雛形，就算不是完美（最終）結果，你大致也有了完成品的概念，對於未來的使用者或用戶而言，就相當於是「最小可用」。

基於這兩種本質精神，我一直覺得，瀑布式專案管理和敏捷式專案管理，並不是孰優孰劣的問題，而是一個趨勢走向的問題。

因為身為最後（終端）的客戶或用戶，我們都希望專案的最終樣貌，能夠越早看到越好，能夠越早有概念越好。所以說，逼不得已才必須要「最終可見」，不然都希望盡可能的「最小可用」。

接下來，我舉幾個平常大家可能碰到的例子來說明，或許看完後，這兩個概念你會有更深刻的感覺。

繳交簡報

我最喜歡在上課或是和公司同仁分享案例的時候，拿平常「老闆交辦事項」這種小專案來舉例，大家感覺比較貼切。

打個比方說，如果今天週一一大早上班，老闆把你叫進他房間，要你做一份PowerPoint簡報，希望在週五下

班之前交給他。（通常這種會告訴你交件日期的老闆，算是非常有良心的了，大部分的老闆通常都是叫你「越快越好」，或是明天早上上班之前放在他辦公桌上。）

這個時候如果有兩個不同員工，他們反應分別如下：

- 第一個員工接到指令之後，回去「埋頭苦幹」，拼命做、死命做、加班做、熬夜做，改格式、改線條、改顏色、改圖案、加特效、加影音、加動畫、加旁白，一直要求自己得非常完美地呈現這份簡報，希望竭盡一切功勞、苦勞加上疲勞，然後在週五下班之前，提交簡報給老闆。

- 第二個員工接到指令之後，在當下立刻「覆述」了一遍老闆的要求，確認無誤、回去座位上之後，立刻把簡報大綱和主要內容用草稿草圖寫下來，在週一當天下班前再和老闆確認。接下來在週五之前，每一天都把簡報內容與進度直接E-Mail給老闆確認，給老闆回饋修改的機會，然後在週五下班前寄出簡報檔案給老闆。

相信透過這兩個案例對照，針對第二個員工，老闆

看到報告的時候應該沒有太多意外，在有來來往往的修改、新資訊的加入、週間頻繁確認和回饋之下，報告內容已經形成共識，達成彼此一致的結果了。

反觀第一個員工，他心中想的，可能是想給老闆一個「驚喜」，但是這種驚喜，對老闆而言也可能是一種「驚訝」，甚至是「驚嚇」。

因為，當老闆下達指令給員工的時候，員工本身認知就可能產生偏差，如果沒有彼此確認，可能造成解讀不同，再加上週一到週五這段期間你都不知道，老闆對這份簡報有沒有新的想法，或是必須更新的資訊。所以，這種過程當中看不到「雛形」，直到最後結果呈現的時候，會有「一翻兩瞪眼」的感覺，是一種非常具有風險的做法。

當然，這種案例或許有點極端，但是我想要特別呈現的，就是兩種專案做法本質上的差異：

- 第一種員工的做法，類似「最終可見」。
- 第二種員工的做法，類似「最小可用」。

我想身為老闆，也可以說是「員工的客戶」、「員工服務的對象」，應該都會比較傾向「最小可用」這種專案方式吧。

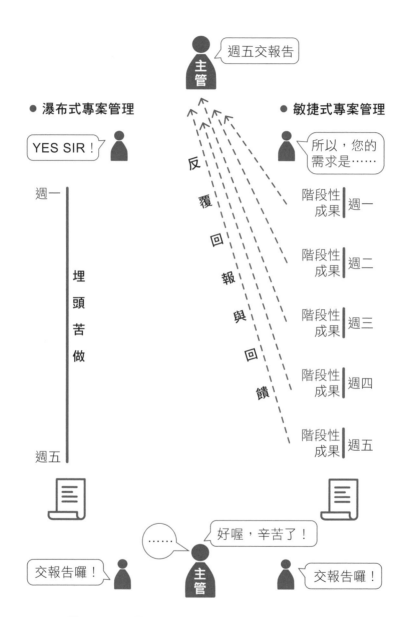

圖2-1 最終可見與最小可用的差異

室內裝潢

　　第二個案例不僅和公司企業相關，其實和每一個人或是每一個家庭都有關，那就是室內裝潢，或者說整體空間設計。

　　我在大學的時候主修工業工程，工廠布置和繪圖設計也是必修的一門課程，那個時候大家使用的工具，都還是製圖桌搭配鉛筆和圖紙來繪出平面圖，然後「想像」未來的工廠設計，裡面會有哪些各種不同的機器設備，又或者會有哪些工具擺放，人員走位動線應該怎麼樣安排等等。

　　當然不僅工廠設計如此，家庭裝潢也差不多是這個樣子，就算設計師畫出平面圖，或是多一份心力畫了一下立體草圖，但是對於未來可能的模樣，還是「想像」居多。

　　如果在施工過程當中，客戶沒有認真參與的話，到最後裝潢出來的成果，也有可能是一翻兩瞪眼，又是驚訝、又是驚嚇。

　　反觀後來電腦盛行之後，不僅在繪圖軟體上面方便許多，可以非常簡單地修改平面圖，甚至整個空間設計和最終的呈現，幾乎都可以「擬真」地讓用戶有身歷其境的感覺。

像我任職的創投公司，就投資了一家AR／VR企業，只要拿著安裝有該軟體的iPad，對著你想要裝潢的空間掃描一下，立刻可以呈現各種不同風格的裝修與裝潢，而且你還可以選擇各種不同的家具，置換各種不同的窗簾、壁紙和磁磚等等。甚至他們現在成熟的技術，已經可以讓你戴上AR／VR的眼鏡，直接置身在虛擬的空間中，感受未來這個裝潢真正實現的模樣。所以，我們可以簡單地下個結論：

- 以前平面設計，到最後裝潢實現，就是「最終可見」。
- 現在虛擬實境，讓用戶身歷其境，就是「最小可用」。

先不管其他人怎麼想，就我個人而言，一旦享受過這種虛擬實境的感覺，就回不去那種只靠想像力的平面設計圖了。

生產製造

看完前面兩個案例，可能有人會說，這種交報告或

是居家裝潢都屬於小的專案，如果是更複雜的專案，就很難達到「最小可用」的需求目的。

大家不妨想想看，連小小的裝潢這種風險不高的專案，我們都希望能夠盡快看到成果，避免會有一翻兩瞪眼的風險，那麼更巨大、更複雜的專案，這種「最終可見」的風險不是更令人膽戰心驚嗎？

不管是蓋一座工廠、建一座大橋、興建一棟大樓，又或是設計一台跑車、一片晶圓、一顆IC晶片，甚至是發射到太空上的火箭，總總這些專案，牽扯到投入的人力、物力、時間和金錢，甚至牽扯到人命關天的安全性，又怎麼可能容忍先把東西做出來之後，再看看最後的結果會怎麼樣？

先不管技術上面會有多大的限制，單就「資源投入」和「安全風險」這兩個重點來看，反而是越大的專案、越複雜的專案，我們越希望能夠盡快看到雛形，讓我們越能夠知道哪些地方可以修正，哪些地方可以優化。

簡單來說，就是讓我們透過「最小可用」來即時得到回饋，即時進行修正。

即時得到回饋，
即時進行修正。

說到這裡，很多人也許會說了，如果說「敏捷式專案管理」是一個趨勢，是一個我們都想要的「最小可用」，那為什麼過去我們還要學習所謂的「瀑布式專案管理」呢？

這個答案其實也非常簡單：非不為也，是不能也。

如果你問我，為什麼在汽車發明出來之前，我們要用馬車來代步，而不用汽車來遠行，這是一樣的道理。

就汽車還沒有發明出來，技術還沒有到位啊！

就像我女兒問我，我小時候為什麼不用智慧手機加上聊天軟體來免費通話，甚至是用串流音樂聽歌就好了，為什麼我小時候要聽以前那種一片10首歌的錄音帶，你覺得我該怎麼回答？

就這些還沒有發明出來，技術還沒有到位啊！

還有以前不管想做什麼產品，假設要做「模具」的話，不僅僅一套模具就可能耗費幾萬、幾十萬甚至上百萬，重點是模具製作時間也非常冗長。

可是，有了電腦輔助加上3D列表機問世之後，節省下來的時間和價格，簡直是不可同日而語。

像以前那種技術，就讓我們必須接受「最終可見」，而現在這種技術，就讓我們可以盡快「最小可用」。

如果認真說起來，電腦或者說科技持續不斷演進的目的，是為了幫助人類進步，其本身就是一個從「最終可見」到「最小可用」的過程。

事實上，就連「最小可用」也是持續不斷地進步。

想想以前，我們用「電腦屏幕」來「模擬」已經覺得很棒。到了現在，我們用「身歷其境」來「虛擬」，簡直分不清真假。

「最終可見」，是「真實世界」呈現，完成才知道。「最小可用」，是「以假亂真」呈現，過程就知道。

「完成才知道」，這種等待難熬，風險又高。「過程就知道」，比較符合人性，效益又高。所以我才說，從「瀑布式專案管理」到「敏捷式專案管理」：

- 是「最終可見」到「最小可用」；
- 是「科技」的推動；
- 是「演化」的過程；
- 非「選擇」哪一個較好；
- 是「趨勢」讓我們逐漸傾向；
- 從「最終可見」到「最小可用」。

課後練習

1. 同樣延續第一章的問題，如果我想要在半年內減肥10公斤，那麼我的「最終可見」和「最小可用」的專案型態，會有怎麼樣不同的設計方式？（例如：半年後才量體重，就是最終可見；如果每週都量體重，修正自己的飲食運動減肥方法，就是最小可用）

2. 選擇一個工作或生活經驗，當你進行這項專案時，如何從瀑布式的「最終可見」，變成敏捷式的「最小可用」？（例如：前面的做簡報PPT案例，到交作業的時候才給老闆，那就是最終可見，但是如果每天都向老闆匯報進度，討論對焦，就是最小可用）

第**3**章

第３章

專案迷思
朝令夕改到底對不對？

- 修正是面對不確定的常態
- 共識在知其然知其所以然

> 修正，
> 才是真正不變應萬變

進入職場之後，常常會聽到同事之間抱怨：

「老闆怎麼一天到晚改來改去？」

「真不知道老闆腦袋裡面想些什麼，一下子這樣一下子那樣？」

「老闆就不能想好再告訴我們該怎麼做嗎？這樣一直變一直變，實在很打擊士氣。」

⋯⋯（族繁不及備載）。

雖然對老闆的抱怨從來不缺，也不只這一樣，但對於變來變去，改來改去，讓員工疲於奔命的感覺，讓員工原地打轉的感覺，可能是這些抱怨油然而生的原因，但是我不禁想問：

　　「老闆真的願意這樣子嗎？」
　　「老闆真的是想不清楚嗎？」
　　「老闆真的喜歡一直變嗎？」
　　「老闆真的喜歡一直改嗎？」

　　其實，誰不知道從小到大「朝令夕改」就是一個負面的代名詞，相信在老闆們心中，每次只要改、只要變，而且頻繁度又高，自己擔心給員工帶來「朝令夕改」的壓力，應該不亞於員工接收到「朝令夕改」的壓力。所以在這裡，主要探討兩個關鍵問題：

　　一、朝令夕改，到底對不對？
　　二、不論對錯，該如何因應？

一、朝令夕改，到底對不對？

　　首先，我們來看看朝令夕改這件事情到底對不對，我先舉幾個自己在職場、生活或家庭的情境故事給大家分享。

　　同時，大家也重新回味一下，我在書中一開始對專案管理所下的定義：「從不確定到確定的遊戲」。

1.改變財務預測

　　記得在半導體工作的那十幾年，有很大一部分工作內容，都是「預測」和「規畫」未來公司的發展和計畫。簡單來說，就是要根據趨勢來假設未來消費市場可能會有哪些商品，這對於公司的IC產品會有怎麼樣的需求變動，而這種需求變動需不需要我們擴充產能，增加產能後能帶來多大收益，需要投入多少資金，然後目前的現金流和人力資源是否跟得上等等。

　　這些計畫的最終目的，要不是和董事會申請預算，要麼就是和合作夥伴報告，甚至需要政府的核准。

　　前面說了這麼多過程，最主要是凸顯專案牽涉層面非常廣，變動因素非常多，甚至有時候計畫長達五到十年，也就是說預測時間非常的長。在這種情況之下，為了能夠盡可能完整，我忙著收集各種不同資訊，幾乎每

天都在建立財務模型，或者說，調整的數字根本是天天變、時時變、分分變。

還記得有一次為了跟董事會報告，一週的時間內，針對未來長期的五年計畫，我的電腦裡面就儲存了將近快200多個不同的版本。（那時真的快瘋了。）

最令人不解的是，到最後呈報的版本，竟然還是一開始模擬的版本。

看到這裡，你會不會覺得主管很機車，又心有戚戚焉，一整個腦袋裡面想著：

「早知如此，何必當初？」
「老闆何苦，為難小的？」

經過了這麼多年，等到回首來時路的時候，我才深刻地體會到，就算最後選擇的仍是最初那個模擬版本，但那也是千錘百鍊之後認定最真實反映未來的版本。這些過程是為了選擇，選擇是為了更好。

過程是為了選擇，
選擇是為了更好。

2.改變研發項目

　　後來因緣際會，和同事一起參與了流程改善的專案，其中有一個專案是專門幫研發單位「整理」他們服務客戶的專案和流程。

　　至於「整理」的目的，竟然是要從將近30多個研發的趨勢產品裡面，砍掉20多個產品項目，要求最後只能留下10個以內的研發項目。

　　那時候聽到這個消息，心中非常納悶與不解，尤其砍掉的這些專案，都已經投入了非常多的資源，甚至有一些可能都已經接近了可以生產或銷售的階段。

　　這種雖然不是「朝令夕改」，可能只是「春令秋改」或「夏令冬改」，但是對於公司投入的資源還有人力變動，都是非常茲事體大的事情，為什麼可以在短短的時間之內做出這麼大的變動和決定？

　　幸運的是，我剛好有機會近距離接觸到研發部門大老闆，以及負責整個縮減項目的專案經理，我就請教他們關於重大項目變動的原因是什麼？

　　當然，過程不免俗聊了許多其他細節，但最重要的反而是他們幾乎一致說出的這兩句話：

　　「情況和當初不一樣了。」
　　「這樣子對公司比較好。」

他們輕描淡寫地回答，卻給我留下了非常重要的啟發和新的思維，那就是不一樣就要跟著變，哪裡好就往哪裡去。

> 不一樣就要跟著變，
> 哪裡好就往哪裡去。

3.改變職場賽道

記得當時從台灣半導體公司被派駐大陸工作的時候，我內心肯定且信心滿滿地認為，自己會把任期坐滿才回台，甚至還想看看大陸有沒有不錯的機會，就可以繼續待在那裡發展。

誰知道，大概工作了將近一年半的時間，我發生了重大車禍，還好雖然整台車毀了，人卻沒有大礙，也因為如此，突然覺得生命無常，於是決定提早回來台灣，結束了外派的日子。

也是在那個時候，我心中暗暗下了決定，以後絕對不要再跑這麼遠去工作了，尤其是「父母在，不遠遊」。再加上回台之後的工作內容，還有跟隨的老闆，都讓我滿意到不行，所以一直不覺得自己有一天還會再踏上中國那片土地，延續職場生涯。更不要說，轉換到和半導

體產業幾乎不相關的領域。不過，真的只有你想不到，沒有做不到。

人生就像專案，
只有想不到，
沒有做不到。

這個轉機是學生時代超級好友的推薦，除了讓我從電子業跨足到金融業，還因為工作職掌的關係，可以跑遍中國大江南北。所以，我做了一個自己原來覺得不會再做的決定，「重返中國工作」。（附帶說明一下，薪資條件的提升當然也是一個很重要的決定因素。）

就是這樣，一個工作轉換，相信對我人生接下來的蝴蝶效應也非常顯著。人算還不如天算，計畫趕不上變化。至少在履歷表上，我會有兩個截然不同的產業經歷，看似突兀，實則增值。

人生就像專案，
人算還不如天算，
計畫趕不上變化。

4.改變選讀科系

另外，像大女兒三年前從台灣前往美國唸書，才念了不到一年多就碰上新冠疫情，又剛剛好她所在的州正是第一個發現染疫者的地方，短時間之內疫情迅速蔓延，我們夫妻以迅雷不及掩耳的方式火速讓她回台。至少在自己身邊感覺上比較安全。

然而，誰又能想到，以為只是短暫回台，結果線上網課這種上課形式一上就搞了一年半。這一招讓一堆原來要海外求學的遊子，最後都用連線的方式，「在家裡」感受不一樣的「留洋」體驗。

尤其是，大女兒本來在美國念醫科先修班，所以很多需要在學校實驗室上的課程，或是一些需要現場手動的課程，完全沒有辦法進行。

陰差陽錯的情況之下，她除了了解更多美國以外的醫學進修方式，還因為待在台灣有更多時間，更多機會，甚至更多實習，接觸到其他各種不同領域的人事物。

後來有一天，她告訴我說，她想要從原來的醫科轉向心理系的時候，我想都沒想就舉雙手雙腳贊成。

其實我心中的OS是：「怎麼轉都沒關係，人生本來就該轉來轉去，所有的過程，只不過是階段性的任務，階段性的目標。」

誰知道哪一天，她不會從心理系轉到哲學系，從哲學系轉到園藝系，然後再從園藝系又轉回醫學系。看她這麼喜歡看動漫看韓劇，難保有一天她不會跑去學演戲。轉來轉去又怎樣，變化無常本這樣。

But，「So What！」（但，那又如何！）我還不是一樣。

> 人生就像專案，
> 轉來轉去又怎樣，
> 變化無常本這樣。

二、不論對錯，該如何因應？

透過前面這麼多案例，我想大家心裡都應該有個底，就是「朝令夕改」其實是個常態，「朝令夕改」其實是個結果。主要的原因是，我們都在玩一個「從不確定到確定的遊戲」。

既然整個過程是不確定的，而且就算有確定的目標，也是階段性的目標。所以，「朝令夕改」就是一個必然的結果。

既然知道「變」一個是常態，「改」就是一個必然

的結果。

　　那麼我們應該怎麼樣來因應，這個大家常常會把它看待成一種抱怨，甚至是老闆員工「上下不同心」負面情緒的「朝令夕改」？

　　簡單來說，可以從「原因」和「對策」一起來「雙管齊下」：

1.知其然，知其所以然：讓大家都知道「原因」

　　很多時候，並不是員工不想改，或是團隊的成員不想改，最重要關鍵在於「不知道為什麼要改」？也就是不知道「朝令夕改」的原因是什麼？

　　就像有一次我針對大陸投資案做財務模型，後來老闆叫我調整模型中有關所得稅費用的參數，把稅降低50%。同時給了我一份大陸公文，說我們的投資案符合這份文件上的優惠政策，如果到時候我們把文件齊備了，說不定未來公司所得稅費用就可以抵減50%。

　　所以說，老闆請我把財務模型中的所得稅費用減少一半，看看未來資金需求會不會大幅減少？如果情況真的是那樣，或許我們就不用向銀行借這麼多的錢，可以省下利息費用。另外，針對本來要延後的投資案，說不定有多餘的資金可以提前執行。

　　大家想想看，像這樣子的老闆和員工互動場景，你

覺得我還會抱怨老闆變動財務模型、更改財務數字嗎？

就算10分鐘之前他叫我做了一版財務預測，接著10分鐘之後他突然接到了那份公文，然後叫我迅速模擬另外一版本，過程前後雖然只有短短10分鐘，甚至不是「朝令夕改」，而是「當下立改」，但是透過他的解說和告知，我心中對這個原因非常的清楚，自然而然會和老闆站在同一條陣線上，共同來處理這樣的「議題」（Issue），而不會因為搞不清楚狀況到底為何而改，在心中和老闆對抗，到最後變成我們兩個人之間的「問題」（Problem）。

所以說「知其然，知其所以然」是避免矛盾一個非常重要的關鍵。

2.既然改，大家一起改：讓大家一起想「對策」

還記得，有一次做專案簡報的時候，其中有一塊是預測未來商品價格的漲跌幅度，由於那段期間的市場供需變化非常大，實在很難針對未來是漲、還是跌，估出非常準確的價格。

這時候，老闆並沒有給我一個確實漲跌幅度的假設，反而是問我，根據過去這段期間的市場變化，我覺得未來的價格趨勢應該怎麼變動比較合理？

哇，我的老闆竟然問「我覺得」耶！

原來只是「被動的」接受指令，現在竟然可以「主動的」參與意見，那一整個「好為人師」的爆棚自信，簡直是瞬間噴發。到最後，我不僅沒有給老闆一個單一的答案，反而自動自發地做了好幾個價格可能變動的模型。

　　換句話說，老闆沒有叫我改這麼多版本，但是我卻求好心切，自己做了好多版本。然後拿著這些不同的可能版本，和老闆一起討論。

　　簡單來說，那一次的經驗重新開啟了我對朝令夕改不同的感覺。突然發現，當我是團隊中的一員，有著參與和建議權的時候，任何的修正都變成「必然」，就算老闆指令非常「突然」，整個心態卻非常的「自然而然」。

　　所以說，簡單整理一下：

- 朝令夕改本來就是常態，因為所有公司、企業或是個人，都是在持續做一個接著一個的專案管理，玩著「從不確定到確定的遊戲」。既然過程一直不確定，那麼改來改去的修正，肯定就是個常態。
- 因應朝令夕改這個常態，有兩個建議可以讓大家調整心態，避免把常態變成變態：

　▶ 知其然，知其所以然：讓大家都知道「原因」。
　▶ 既然改，大家一起改：讓大家一起想「對策」。

（課後練習）

1. 先舉一個工作上或生活上，讓自己非常受不了的「朝令夕改」經驗當案例，然後陳述一下讓自己「受不了」的主要原因是什麼？

2. 透過今天的課程之後，如果上述案例的老闆或是要你朝令夕改的人，可以讓你知道原因，或者讓你參與對策，會不會讓你的「受不了」大幅減輕？而你又有沒有過這樣「良好」的經驗？

第2篇
心法養成

第 4 章

成功核心
專案順利進行的重點為何？

- 一個人可以贏得比賽
- 一群人才能拿下冠軍

好處，是成功的
「貼心」要件

記得以前一開始學習專案管理，或是看很多專案管理書籍與文獻，那些專案大師都會告訴我們說，如果想讓專案成功，有一件非常重要的條件必須成立，那就是「取得老闆支持。」

哇塞，在一開始看到這種結論的時候，覺得實在是太有道理了，因為老闆就是靈魂人物，老闆就是總舵手，老闆就是有生殺大權主導策略走向的人，所以論專案成敗，首先就要看老闆支不支持，這是一個再自然不過的推論了。

　　然而，執行過越來越多專案，累積很多經驗之後，就發現這樣子的結論，就跟「不喝水會渴死」、「不吃飯會餓死」、「不上廁所會憋死」是一樣的道理。畢竟，如果老闆不支持，這個專案乾脆甭做了。所以說，老闆支持，是專案開始的必要條件，但是要讓專案順利進行，盡可能達標，更需要注意的，是每一個人的『好處』。

　　尤其是，不要小看那種看起來跟專案沒有太大關係的人，但是只要專案會「碰到」他、會「涉及」他，我們就要貼心地關注他，關注他的「好處」，讓他可以成為專案的「墊腳石」，而不是「絆腳石」。

　　有句話說「閻王好搞，小鬼難纏」，倒不是說老闆搞定了，其他的人就真的很難搞，反而是因為，我們常常「大小眼」地關注老闆需求，卻沒有「貼心在乎」涉及專案過程當中的所有人。

　　所謂「人同此心，心同此理」，如果我們都不關注別人的「好處」，那麼別人為什麼要幫助你，讓你的專案能夠順利進行？這就是為什麼我說「貼心在乎」很重要。

小人物大關鍵

　　這邊舉一個我剛初出茅廬開始擔任專案經理的經驗。

記得那是一個上百人的大專案，主要是建立一個橫跨公司各個不同專業領域的知識系統，也就是俗稱的KM（Knowledge Management），簡單想像一下，就是在公司內部建立一個「專業且可以驗證」的維基百科，讓公司未來不管面對什麼樣的技術或管理問題，都可以在這個知識系統上找到解決的參考答案。

由於橫跨領域非常多，所以每一個月都由各個不同領域的最大老闆所組成的「委員會」來跟進所有進度，當然他們也會建議與點評內容和架構。

總經理是委員會主席，而委員們就是來自四面八方將近10位的副總級人物，我這個專案經理，其中一項工作，就是安排他們每月的「委員會會議」。

聽起來很簡單吧？但是每一位委員，既然位高權重，肯定也忙得跟鬼一樣，行程緊湊得跟上班時間擠不進去的捷運一般。所以，每次協調近10位大人物一起開會，我就必須周旋在安排他們會議的秘書之間，搞得我焦頭爛額，尤其那個時候又沒有Line，沒辦法組群協調，所以我必須一個一個打電話溝通確認，甚至走進每一間辦公室和秘書協調。

一下子這位不行，一下子換那位不行，又或者某位臨時有事必須調整、某位出差不能配合，就連決定好的日期也常常變來變去，這也難怪秘書常常看到我，或接

到我電話，就是白眼相待或者一整個沒好臉色。

　　一開始面對白眼和沒好氣的回答，我也覺得委屈，可是後來想清楚搞明白之後，我知道秘書其實和自己一樣，面對變來變去的麻煩，很難和他們的老闆交代。所以，不是因為他們難搞，而是造成他們的困擾。

　　後來，我大膽地直接請老闆和我一起去跟總經理協調，針對每個月開會一事，請總經理給出一個固定時間，然後其他的副總如果不能參與，就直接向總經理請假，並指派代理人，如果總經理不能出席，就請其他副總們輪流擔任主席。

　　一旦搞定這個共識，我輕鬆了，秘書也開心了，事情更容易了。這個「很大的」小事，也讓我有一個新的領悟，那就是與其在他人身上找問題的答案，不如建立一個解決問題的系統。

> 與其在他人身上找問題的答案，
> 不如建立一個解決問題的系統。

　　也因為這個專案中，我貼心解決了秘書和我個人之間的麻煩，讓我們都有「好處」，後來不僅我和秘書之間建立了良好的互動關係，也讓後續專案可以更順利地

推動。

　　其實我常常和別人提到，要讓專案順利進行，甚至成功，就必須在乎涉及專案裡面每一個人的「好處」。

　　每次說完之後，就會得到「哎～唷～」這種回應。意思表達，一方面是這樣在乎一堆人會不會太累？另一方面是這樣會不會太功利了？

　　說真的，開始累，過程就不會太累，開始不累，過程就會很累。

> 開始累，過程就不會太累，
> 開始不累，過程就會很累。

　　重點再回到我前面講的八個字，「人同此心，心同此理。」這個「好處」不是只有我們常常看到電視劇那種，「拿人錢財，與人消災」的好處。而是真正「貼心」為他人、想到他的需求、幫他解決問題，讓他在參與專案過程中，更舒服和愉悅的這種好處。

　　接下來我就分享過去專案經驗中，對所有人非常重要、且我們可以貼心關注的三種好處：

1.幸福愉悅的好處

隨著年紀增長，我越來越發現，很多人投入專案，樂在其中，似乎「付出本身」就會讓他們有強烈的幸福感。

就像我老媽還有她很多好朋友，只要是公益相關活動，或是教會相關活動，他們都非常願意付出，就算沒有任何報酬，甚至有的時候還要自己花錢，她們仍舊樂在其中、樂此不疲。

其實，就像很多成功人士的建議，我們必須找到能夠點燃自我熱情的工作或職業，道理一樣的。

因為當進入「心流」狀態的時候，工作本身就是一種回饋，工作過程就會讓我們幸福，那麼「參與」這個專案，本身已經是一種好處。

所以通常這種參與專案的好處，一定是來自參與者的「內在驅動力」，他不需要專案經理一天到晚跟在旁邊耳提面命，他自己的幸福感會驅使他把事情做好，自己推動進度。

就像當初在半導體業工作的時候，我自動請纓要參與設立大陸子公司的專案，因為我非常渴望接受這樣的挑戰，更進一步豐富我的履歷，正好藉著這個機會提升自己的價值。

所以我是「自願」參加這個專案的，當我入選的時

候，幸福感已經建立了，我已經找到我的「好處」。相對的，專案經理與我共事也會比較輕鬆，因為是我想參與這份工作，這工作和我的熱情「匹配」。幸福感來自於內在的願意，匹配感會驅使熱情的付出。

> 幸福感來自於內在的願意，
> 匹配感會驅使熱情的付出。

2.成就收入的好處

第二種常見好處，是一般職場上大家比較熟知的成就感或是薪資收入上的實質好處。

就像我自己待過的幾間公司，每一年績效考核的時候，員工是否參與過跨部門專案，是一個非常重要的績效衡量指標。尤其是參與專案期間，和你接觸過的跨部門主管或是專案經理，如果他們能在績效考核表上給予你正面的回饋，對於未來加薪或是職位晉升，都有非常大的幫助。

這種績效衡量的設計，讓大家增加願意參與專案的「外在驅動力」，也是一種明顯的好處。

雖然說升官加薪感覺上是種很「世俗」的好處，但卻是一種非常「實際」的好處，畢竟回到馬斯洛的需求

理論（Maslow'shierarchy of needs），「升官加薪」不僅讓自己能夠快速累積更多資源，還能擁有更多的安全感。另外，這也是一種非常直接的肯定方式，會讓人的成就感大幅提升。所以說，千萬不要忽略這種「世俗」好處所帶來的效果。

其實這種「成就」加上「物質」的好處，不僅適用於職場人士，就算是創業家也是一樣。

當然很多創業家，本身在創業過程當中，他的付出就是一種回饋，回饋產生幸福感，就像前面說的，付出本身就是一種好處。但是不諱言的，創業最終的目的，還是希望自己的產品或服務能夠被客戶認可，而這種業績所帶來的成就感和收入的好處，也是一種非常重要的專案推進動力。

還有很多我在藝文界的朋友，不管是音樂、舞蹈或繪畫各個領域的翹楚，他們一直將滿懷熱情注入專業或工作上，因為這會帶給他們莫大的幸福感。

而且，每一次籌備演出，都代表著一個接著一個不同的專案，如果這些演出能夠獲得非常大的票房回響，推升的不僅是成就感而已，也會在報酬上給予他們回饋，讓他們得到更實質的「好處」，在未來的藝術道路上，能夠走得更順、更穩、更長久。

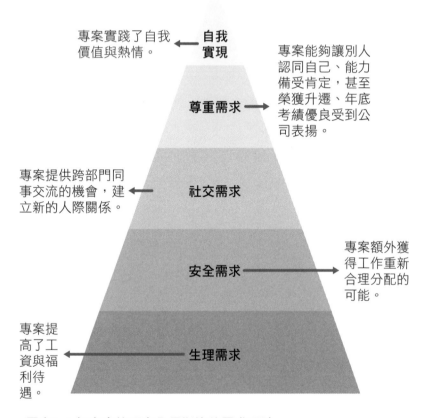

專案實踐了自我
價值與熱情。

**自我
實現**

專案能夠讓別人
認同自己、能力
備受肯定,甚至
榮獲升遷、年底
考績優良受到公
司表揚。

尊重需求

專案提供跨部門同
事交流的機會,建
立新的人際關係。

社交需求

專案額外獲
得工作重新
合理分配的
可能。

安全需求

專案提
高了工
資與福
利待
遇。

生理需求

圖表4-1 把專案管理套入馬斯洛的需求理論

物質收入是一種安全感，
升官加薪是一種成就感。

3.解決問題的好處

很多時候，在公司裡建立專案團隊，必須邀請各個不同部門的人加入，這個時候我們最常碰到的回答是：「我都快忙死了，那還有時間參與這個專案？」

所以說，任何參與專案的人員，首先碰到的問題都是「現有工作」和「專案工作」的調配問題。如果邀請參與的人員，本身就非常忙碌，而且加班加點的非常兇，那麼這時候再額外增加專案的負擔，無異就是火上加油。

如此一來，不僅他參與專案的意願很低，而且可以想見的是，要麼就是產出「效率」非常不好，要麼就是他累得要死，最後產出「效能」不佳。

這個時候，專案經理的職責，在於如何降低他現有工作負擔，幫助他重新和直屬老闆排序工作內容，幫他「留白」，讓他有餘裕空出時間參與專案。排序就是排憂，留白就是留才。其實，你幫他解決最基本的工作壓力和時間管理問題，就是一個最直接的專案入門「好處」。

排序就是排憂，
留白就是留才。

　　執行專案管理時，能夠貼心地幫成員們「解決問題」，就是給他們非常大的好處，而且有時候，這些問題未必都是工作上的問題。

　　這倒不是說，我們要跨界去管人家的家務事，但就像我一開始說的，所有的初心都是從「貼心」開始。

　　就像我在大陸工作的時候，有一天一位下屬告訴我，他必須辭職，不能繼續參與我們這個新建事業團隊的專案了。

　　其中主要原因是，他必須每天送他的小孩上學，還要帶他母親去看病，早上時間無法準時上班。他還說，他必須另外找一份允許他下午上班，或是彈性工時的工作。

　　聽完他的描述之後，我立馬就樂了。

　　我說那好啊，你都已經把答案說出來了，那你也不用離開了，我們這樣做就行了啊。我告訴他，以後他自己安排上下班時間，重新和人力資源部門簽立一份類似彈性工時的合同，一切就搞定了。

　　後來這位仁兄不僅開開心心留了下來，而且還異常

賣命為公司工作。最重要的是，這份工作是他原來熟悉的領域，不需要從頭學起，而對公司或團隊而言，也不需要重新找一個人，花費更多的學習成本。

所以說，看起來是解決一個人的私人問題，給了一個私人好處，但是實際上，也是解決了一個組織的問題，讓整個組織得到好處。

當然，這一切也讓原本的專案能夠更順利地成功推動，所以說：

- 好處真正的做法：既要顧大我，也要顧小我。
- 好處最後的效益：顧好了小我，也顧好大我。

想想我們自己，如果碰到讓我們有「幸福感」，給我們「成就感」，又能夠幫助我們「解決問題」，帶給我們好處的專案，你是不是也會比較願意參與呢？

1.文章裡面提到三種不同的好處，你覺得哪一種會讓你更有動
  力參與專案？過去生活或是工作中，有沒有類似的經驗？

2.你有沒有給別人好處的經驗，而這件事有讓專案的推動或是
  專案的進行變得比較容易嗎？這個人接受的好處又是屬於上
  面三種好處的哪一種？

第5章

執行關鍵
如何讓決策兼具效率和效能？

- 看不見的情感固然重要
- 看得見的數字更是必要

可以「比較」，
才知道怎麼決斷

　　在工作或生活中的專案，我們需要向他人傳遞一些訊息，不管是報告進度，或是重大事件的發生，又或是解讀一些現象與情況，很多時候我們的敘述都會類似以下這種方式：

　　「我一定會使命必達，努力來達成銷售數字。」

　　「雖然進度有點落後，但是一定會認真趕上。」

　　「這次包裝出現瑕疵，可能會造成不小損失。」

　　「下個月的促銷方案，應該會帶動一些買氣。」

「拜訪客戶提供新品，很多人有意願來購買。」

「有人抱怨產品口味，希望我們能調整一下。」

「市場普遍反應不錯，或許能研發更多產品。」

「真的要開始減肥了，要不然衣服都穿不下。」

「今年要多讀一些書，好好地投資一下自己。」

「決定開始認真運動，這樣才有健康的身體。」

……（不可勝數）。

每當聽完這些表達之後，感覺上好像聽到了一些東西，但認真思考起來，好像又沒有聽到什麼東西。

這就是我們常常說的，**說得好像很清楚，聽得其實很模糊**。

當中最主要的關鍵，就是沒有任何「數字」在裡面。沒錯，就是沒有123456789這些「數字」在裡面。當描述或溝通內容裡面沒有任何「數字」的時候，就很容易落入主觀的判斷，而非客觀的事實。

譬如說，當我告訴你，明天清晨的氣溫「很高」，其實你並不知道我所說的很高，到底是有多高？

如果我想表達的是，明天早上跑步時氣溫會很高，在我心目中，只要氣溫超過攝氏20度就是很高了，我覺得20度以下是跑步最適當的溫度。

但是你又不跑步，說不定你心中的氣溫很高，至少

要超過攝氏30度，才可以稱得上是高。

就是這種「感覺」的描述，例如「很熱」，又或是我們常常說的「定性」描述，都有可能因為主觀的認知不同，造成「你說的」跟「我想的」會有不一樣的結果，各自會有「主觀」認定。

但是如果你直接告訴我說，明天早上溫度是攝氏25度，這樣的說法就沒有讓人誤會的地方了，因為這是一個「數字」的「事實」，是你「客觀」的描述，至於你和我「感覺」熱不熱或冷不冷的問題，就留給自己去認定就行了，不關這個攝氏25度的事。這就是我們常常說的「定量」描述。要記得，數字是客觀的描述，感覺是主觀的認定。

> 數字是客觀的描述，
> 感覺是主觀的認定。

當描述中具備了「數字」，在專案計畫、執行和檢討覆盤當中，就可以產生「三有」的價值：

1. 有實質意義；
2. 有共同認知；

3. 有行動方向。

1.有實質意義

就像你告訴我，你會「使命必達」，完成交付任務、達到銷售目標的時候，這種承諾除了拍拍手、獎勵你說話很大聲，具備「勇氣」之外，其實對於事情推動沒有任何幫助，也沒有任何實質意義。

因為我們都知道，大家都是在玩一場「從不確定到確定的遊戲」，就算英明神武的老闆，都沒有辦法拍胸脯保證什麼事情可以「使命必達」。

所以，與其說這種激情澎湃的慷慨陳詞，倒不如明白告知，你打算把商品放在哪幾個通路？（「哪幾個」就是數字），然後根據過去經驗，這些通路分別會有多少客戶流量？（「客戶流量」是數字），藉著這些客戶流量，可能有多大轉化率，也就是會有多少人買單？（「多少人買單」是數字）。根據這些推算，最終我們的保守估計，會有多少的銷售額。（「銷售額」肯定也是數字）。

既然有了明確的銷售額推估，你也不用說什麼「使命必達」啦，因為一旦這個「數字」呈現出來之後，我們就有了實質「數字」的意義，然後接下去只要討論這個「數字」是不是符合我們的使命，以及是不是要必達了。

2.有共同認知

　　每次公司開會，聽到銷售或前線人員描述客戶反應都常說：「有人抱怨什麼什麼什麼」。

　　這時與會人員，甚至老闆，都會緊張地想了解這個抱怨內容或者原因是什麼？也就是那個「什麼什麼什麼」到底是什麼？

　　但是每次聽到後我都覺得，大家不是應該先了解，到底那個「有人抱怨」的「有人」，到底是「有多少人」嗎？（「有多少人」是數字）

　　記得有次我輔導一家企業，同樣的情況發生在每個月的銷售會議上。在看了銷售數字不如預期之後，市場行銷督導，也就是總監級的人物，他說針對公司幾十個銷售據點，收集了客戶回饋，接著就說出了類似的經典描述：「根據上個月銷售數字不如理想的狀況，我們彙整了一些客戶意見，結果發現『有人』覺得我們⋯⋯（哪裡做的不好），所以我們應該⋯⋯（怎麼樣來改進）」。

　　哇，一聽完這樣子的描述之後，大家就針對做得不好的，以及怎麼改進的部分，熱烈討論了起來，甚至還有人當場開始指責，說應該是產生部門的問題導致客戶覺得產品不好，當然也免不了有回嗆、互相爭執的橋段。

　　等到大家討論一段時間準備中場休息的時候，我很客氣地問了那位行銷督導兩個主要問題：

（1）請問一下，到底收集了多少客戶的意見？

（2）這個「有人」不滿意，到底是有多少人？

然後，大家就聽到這位行銷督導幽幽地說出，上個月一共電訪了10個客戶，其中「有一位」（就是那個「有人」）有這樣子的抱怨。

重點在於，其他9位客戶都沒有提出具體的問題。

更可怕的是，公司每個月，所有分店加起來至少有上萬名的客戶。（其實後來想想也沒錯，這位行銷督導從頭到尾就說「有人」，只要有一個人，也可以說是「有人」。）

接著，當中場休息回來的時候，沒有人再繼續討論之前那個問題了，因為執行長已經臉色鐵青地指示這位總監級的行銷督導，多收集一些客戶樣本，呈現具有意義的數字回饋。

你會發現，只要把「數字」反應出來，大家立刻對這件事情的嚴重與否，以及需不需要繼續討論，有了共同認知。

3.有行動方向

除了工作職場之外，其實每年的新年新氣象，也是個人設定目標、進行專案最熱門的時間點。

就像前面說的，不管是要好好減肥、好好運動、好好學習，都是司空見慣，不斷重複，非常常見的年度專案計畫。

不要說其他人了，就連我自己，好多時候設定這種目標，有設等於沒設。因為，好好減肥、好好運動、好好學習，這個「好好」到底是什麼意思？根本是有說等於沒說。人性輪迴本來就是，年初模糊信心滿滿，年底重新信誓旦旦。

> 年初模糊信心滿滿，
> 年底重新信誓旦旦。

畢竟，沒有「數字」、沒有「期限」，根本不會有任何動力或者行動方案。最簡單舉例比對：「我想要減肥」，跟「我想要在半年內減重10公斤」，明顯在行動上有著差異的目標設定，主要關鍵就在於「數字」的訂定。

我發覺，很多運動App就捕捉到了這些人性的弱點，並且在設計上加強了這一塊。

像我使用多款騎車、跑步、重訓、瑜珈等等的App，其中有項功能是讓所有使用者好友建立群組，看似

互相觀摩，實則互相PK。每週你會從App中看到自己好友們的運動時間排行榜，藉著這個機會激勵大家，看著這個「數字」拼命運動。

除此之外，我還有一款App，不時地推出各種不同的比賽，譬如「四週燃脂競賽，每一週800卡」，然後只要你用App進行不同運動，系統便會自動幫你記錄累積消耗了多少卡，讓整個目標「視覺化」、「數字化」，就跟玩手遊過關一樣，做著做著、盯著盯著，行動就完成了，目標也達成了。所以說，透過這個「三有」的價值，我們就知道，了解「情況」很重要，了解「數字」更重要。

> 了解「情況」很重要，
> 了解「數字」更重要。

同理可證，進行專案的時候，「數字」也可以幫我們進行決策與判斷，到底這個專案該不該做？該做什麼？還有該怎麼做？簡單的來說，可以分成三個階段，「專案前、專案中、專案後」來分析：

一、專案前：目標到底合不合理？
——該不該做？

選擇專案是一件非常重要的事情，畢竟公司資源有限，怎麼在有限資源之內，為公司創造最大價值，是讓公司活得下、活得久和活得好的關鍵。後面章節，我會專門針對怎麼選擇專案進行深入的分析。

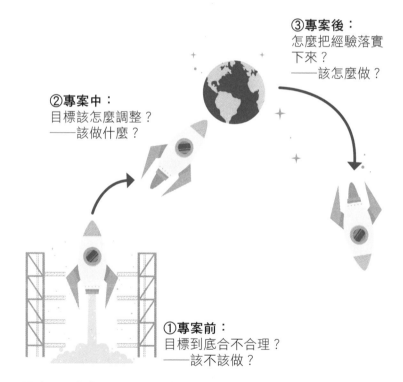

③專案後：
怎麼把經驗落實下來？
——該怎麼做？

②專案中：
目標該怎麼調整？
——該做什麼？

①專案前：
目標到底合不合理？
——該不該做？

圖表5-1 專案前、中、後應該關注的問題

然而，在選擇之前，最重要的是，至少我們得學會用「數字」判定這個專案目標到底合不合理，我們才不會過度樂觀誤判情勢，進而投入了過多資源，造成公司損失。

　　就像有一次，我幫輔導的公司審視他們將執行的專案，這是一個非常簡單的商品促銷案，負責的專案經理說需要申請一筆預算來推廣商品，預計在半年內銷售20,000套商品，達成總經理給他的業務指標。

　　但是當我回顧該公司過去一年的業績，整年度也不過銷售了1,000套，而且花費的預算，和他這次申請的額度幾乎一樣。

　　我就搞不懂，為什麼同樣的花費可以達到20倍的業績？

　　一問之下，這位專案經理的回覆又是「使命必達」，因為去年花費沒有達到應該有的利潤，該項專案成本至少得賣出10,000套商品才會收支打平。所以今年他承諾總經理的目標是，花費不能增加，但是要賣20,000套，才能「使命必達」，並「連本帶利」把去年賠的賺回來。

　　原來這個目標數字，是「數學平均」的結果，一個「攤平」的概念。

　　至於要怎麼做才能達成這個目標，該名專案經理

一點頭緒都沒有。唯一能夠給出的答案，就是「使命必達」。

　　媽呀，這是什麼邏輯？執行專案前切記，目標必須合理，合理才能抉擇。

> 目標必須合理，
> 合理才能抉擇。

二、專案中：目標該怎麼調整？ ──該做什麼？

　　再拿前面行銷督導調查客戶回饋的專案來看，後來他們花三個月的時間，持續進行了大規模的線上訪談。

　　這次不僅將客戶數目擴大到了將近2,000人，更重要的是，還分析與比較了區域別、分店大小規模、不同客戶分類等等，結果發現大概90%的客戶，也就是將近1,800人滿意該公司的服務，而比較不滿意的200人都集中在同一個區域的三家分店，而且整合他們抱怨敘述之後發現，有將近100多人都是不滿意分店環境的乾淨程度，還有80多人對店員服務態度頗有微詞，其他的零星抱怨就只有1至3人左右而已。

所以，一系列分析數字攤開之後，該公司人員很清楚知道，只需要優化與加強這三家分店的環境整潔和店員服務就可以了。

畢竟，這些都是客戶回饋的「事實」，有客觀的「數字」支持，並非主觀的判定，所以後續這些調整，即可避免內部沒必要的爭執，也可以非常針對性地調動公司內部資源，有效地改善問題。經過上述案例我們可以總結出，執行專案必須要針對客觀數字，避免主觀認定。

> 針對客觀數字，
> 避免主觀認定。

三、專案後：怎麼把經驗落實下來？
——該怎麼做？

所謂「凡走過必留下痕跡」，「前人種樹，後人乘涼」，不管做任何事情或是任何專案，最重要的是，要把過程點點滴滴記錄下來，尤其是「數字」這種客觀事實，如此一來，公司才有未來參考的依據，才有未來該怎麼做的基礎。

就像公司每年年底做的明年預算計畫，就可以把過去一年實際發生的「數字」拿出來參考。

不管是商品數目、放到哪些不同的通路、這些通路平均都有多少的客戶流量、這些客戶會有多少人確實買單採購，以及採購數量與採購頻次，所有這些資訊都有客觀「數字」，可以當作預測來年銷售的基礎。

不只公司或是企業，就算是個人，在訂定新年新目標的時候，過去一年所有的時間安排，不管是讀書、運動、工作以及家人相聚的時間，都可以用當年留下的紀錄作為來年的參考。尤其是，現在有各式各樣功能的App，都可以幫助我們記錄生活的點點滴滴，特別像有統計時間功能的那種App。

以我為例，我每年持續訓練鐵人三項，所以安裝的運動App，每次到月底和年底的時候，都會統計我過去一個月或過去一年的運動資料，當作我未來運動安排的參考。

再擴及到很多人每年新元旦都可能訂定的目標：「減肥」。現在市面上有超多專門的減肥App，協助記錄攝取各種不同飲食的卡路里，以及運動消耗的熱量，還有透過熱量的計算，得出我們可以減重多少公斤，如果目標不如預期或是超過預期，可以再調整未來的飲食或是運動的時間。

過去的數字紀錄，是未來計畫的依據。這所有的一切，都是透過「數字」這一重要關鍵，才能夠幫助我們落實目標和行動方案。

> 過去的數字紀錄，
> 是未來計畫依據。

總之，訴諸「情感」的溝通，可以拉近人們彼此之間的距離，讓專案或工作的進行更有溫度。

但是基於「數字」的交流和分享，專案目標才更容易達成，進而提升資源運用的效能和效率。

課後練習

1. 以自己明年想要達成的一件事情為例（存錢買房、買車、出國旅遊等等），同時進行沒有數字的定性描述，以及有數字的定量描述，相互比較一下，有什麼不同的差異？

2. 關注最近職場上的簡報，或者自己以前的報告，試著透過增加定量化的「數字」，看看是否會有文中所說的「三有」價值（有實質意義、有共同認知、有行動方向）？

第6章

數位轉型
為什麼需要數位轉型？

- 搞定不確定需要即時的回饋
- 即時的回饋仰賴客觀的數據

數據，就是為了
搞定「不確定」

　　生活在我們這一代，不管年紀多大，說很幸運也幸運，說很焦慮也焦慮，因為從小到大一路走來，從互聯網（網際網路）、行動互聯網到物聯網，還有無處不在的大數據，一整個潮流實在是進展太快，讓人眼花撩亂、迅雷不及掩耳。幸運的是，感覺自己經歷很多，焦慮的是，深怕自己一路追得辛苦又跟不上。

　　不管是個人生活也好，或是企業經營也罷，不談到「數據」兩個字，感覺上好像都插不上話，跟不上時代。更有好多傳統企業深怕搭不上「數據」風口的浪

潮，一下子就被後浪吞沒，所以「數位轉型」似乎就成了不得不為的趨勢。

也因如此，會很多人問我：

一、數位轉型到底該不該做？
二、數位轉型到底又是什麼？
三、數位轉型到底怎麼執行？

一、數位轉型到底該不該做？

只要有人問我這個問題，我的答案非常簡單，就是「應該做，趕快做，認真做」。

1. 應該做

就像整本書開宗明義說的，專案就是玩一場「從不確定到確定的遊戲」，也就是要「搞定不確定」。

數位轉型其中一個重要關鍵，就是提供完整的數據紀錄。如果沒有任何數據支持，就跟瞎子摸象一樣，根本不知道自己目前在什麼位置，又應該怎麼樣調整。所以說，「數據」可以增加我們的「確定」感。

就像小時候唸書，如果想忽悠爸媽，說自己學習得

很好，卻沒有任何一個客觀事實可以佐證，相信聰明的爸媽是不會輕易放過我們的。雖然大多數的人都不喜歡考試（除了討人厭的學霸以外），但是只要考試成績一出來，管你是運氣還是實力，至少老爸老媽還有老師，馬上有了一個修正或是修理你的機會。

用客觀的數據，搞定不確定的事。這裡，令人討厭的「分數」就是數據支持，把不確定的學習成果，變成一種客觀確定的存在。

> 用客觀的數據，
> 搞定不確定的事。

2. 趕快做

這邊跟大家分享的「趕快做」，倒不是說要傾全力，或是以砸大錢百米衝刺的方式，拼了命去做數位轉型。

而是說，可以趕快「開始」。只要有「開始」，就算是「快」了。

至於什麼叫做開始，怎麼樣開始，我會放在第三個部分「怎麼執行數位轉型」來和大家說明。

簡單而言，當你在看這本書的時候，就已經算是一

種開始，然後再理解我接下來說的，什麼是數位轉型，以及如何去執行。這樣一步一步一點一點地往前走，就可說是「小步快跑，快速迭代」，以「最小可用」的概念，讓自己搭上數位轉型的列車。

就像如果你沒有公司FB粉專、IG帳號、YouTube、Tiktok（抖音）、Podcast等等，別管理解不理解，別管那是個什麼東西，今天看完這章之後，立刻去申請帳戶，開始學習、開始經營，這就是「開始」，這就是「快」。世界上最「快」的事情，就是「開始」、就是「行動」。行動就是快，等待就是慢。

> 行動就是快，
> 等待就是慢。

3. 認真做

學習是從「不懂」到「懂」的過程，然後透過行動，再從「懂」到「會」，接著再持續不斷地刻意練習，能夠從「會」再到「厲害」。

這就是「認真做」的意思。

很多人都知道或聽過「數位轉型」，但其實不清楚到底什麼是數位轉型？又或者說，「數位」要幹嘛？

「轉型」又要幹嘛？

只有當我們認真了解之後，做起來才不會懵懵懂懂。為了做而做、在追時尚和隨波逐流的情況下，很容易會不小心花了大錢（冤枉錢），只要執行之後沒有效果，最後就拋下一句：「數位轉型其實沒什麼用。」

如此一來，賠了夫人又折兵，不僅會傷害公司士氣，損耗公司資源，更打擊公司學習的氛圍，錯失了搭上數位轉型這條不得不為的專案道路。

所以接著，我們就來認真「理解」什麼是數位轉型？並且學習怎麼「做」數位轉型。

二、數位轉型到底又是什麼？

說到理解「數位轉型到底是什麼？」，可說是前面「認真做」的重要關鍵。

自己本身投入創投工作近十年，接觸了很多慢慢進入數位轉型的傳統行業，也接觸了非常多打從出生就是數位靈魂的新生代，這兩種不同世代，各自看待用數位來經營個人或公司的方法，有著極大的不同。接下來，我就用一般在經營上的五個過程，以稍微「誇飾性」的問答來比較一下，數位轉型到底是什麼。

現在，我充當主持人來問問題，接著再請「傳統行業」的代表和「新生世代」的代表來做答覆。

補充說明 這些答覆並非數位轉型的標準答案，只是要呈現數位轉型的「思維」，給大家一個鮮活的概念，好作為未來執行思考的方向。

問題（1）線上銷售：你們是怎麼樣規畫網路銷售？

傳統代表：「當然是建立自己官網，也會把商品放在各個不同電商平台，還有FB、IG社群平台，增加自己曝光度。」

新生代表：「我們會收集各個不同的網路『數據』，了解自家產品的目標客戶長相（特徵），包含性別、年齡、職業、其他關聯的喜好等等『資料』，然後再設計銷售文案、圖稿，選擇匹配的目標客戶平台來上架商品。」由此可知，數位的目的之一是，分析數據資料，選擇匹配平台。

分析數據資料，
選擇匹配平台。

問題（2）投放廣告：你們是怎麼樣投放網路廣告？

傳統代表：「就是先規畫一筆預算，然後製作廣告文案或影音之後，針對新品或促銷計畫，在不同平台投放廣告。」

新生代表：「我們會針對目標客戶存量或流量比較大的平台投放廣告，也會準備不同的廣告文案腳本進行測試，看看客戶對哪一個腳本的反應或下單量大，再繼續追加廣告預算，如果數據顯示交易量持續增加，就再繼續加碼廣告預算。」由此可知，數位的目的之一是，廣告關注回饋，預算彈性調整。

廣告關注回饋，
預算彈性調整。

問題（3）直播互動：你們會怎麼樣進行直播銷售？

傳統代表：「就有點像電視購物，透過直播銷售商品或者服務，當然也會和觀看群眾互動，並且給予折扣，讓他們產生購買欲望和動力，加速買單完成交易。」

新生代表：「我們會測試各個不同直播時段，看看

在什麼時間點上線的客戶比較多，同時也測試一下各個不同的文案腳本，看看什麼樣的文案腳本比較容易吸引客戶注意，進而買單。當然，在直播過程當中，也會關注與檢討那些，觀看人數暴增或者驟降的時間點，作為未來直播節奏和文稿設計的基礎。」由此可知，數位的目的之一是，測試尋求回饋，持續不斷優化。

> 測試尋求回饋，
> 持續不斷優化。

問題（4）會員管理：你們是怎麼樣看待會員管理？

傳統代表：「只要加入會員的客戶，我們都會給他們折扣優惠，而且如果資料填得越完整，又或者買得越頻繁、越多，我們也會給他們更多的優惠和折扣。」

新生代表：「我們會盡量簡化客戶加入會員的程序，但是在後台關注會員是從什麼管道加入。此外，也會定期分析會員的採購習慣，還有關聯的喜好事物，這樣對未來線上平台合作的選擇、直播邀請、廣告投放，都可以用比較少的成本，更加精準地鎖定客戶，讓客戶買單，獲取更大銷售效益。」由此可知，數位的目的之一是，降低客戶麻煩，掌握客戶動態。

降低客戶麻煩，
掌握客戶動態。

問題（5）促銷活動：你們是如何安排促銷活動？

傳統代表：「針對不同的節慶和假日，提供會員優惠折扣，透過郵件或是社群軟體通知。當然，在用戶生日或者結婚紀念日的個人專屬VIP時刻，也會給特別的貴賓好禮，或是獨享優惠。」

新生代表：「我們蠻『頻繁』地規畫促銷方案，不管是節慶或者假日，目的不僅是為了銷售，最關鍵的還是，透過各種不同的促銷文稿、影音還有折扣優惠方案，去『測試』不同客戶，理解在不同時間點，針對不同產品組合，會有什麼樣的銷售成果。如此一來，我們才可以持續找到更好的方式獲得最大的效益。」由此可知，數位的目的之一是，沒有絕對最好，只有持續更好。

沒有絕對最好，
只有持續更好。

透過這前面五個步驟分享，我的個人心得是，數位

轉型這四個字，可以簡單分成「數位」和「轉型」兩個單詞。

其中「數位」這兩個字，主要目的就跟前一章所說的「關注數字」是一樣的，關鍵在於把客觀的數字記錄下來，作為未來經驗或是決策的參考，而不會流於主觀的喜好判定。

至於「轉型」這兩個字，其實是建立一套「持續改善、不斷測試優化」的思維模式，拋掉「擁抱成功方程式」的這種想法，因為不確定的未來會一變再變，也就是「沒有最好，只有更好」。總的來說，數位轉型的目的分別在於，數位是為了記錄客觀數字的存在，轉型是為了測試更好的執行方法。

> 數位是為了記錄客觀數字的存在，轉型是為了測試更好的執行方法。

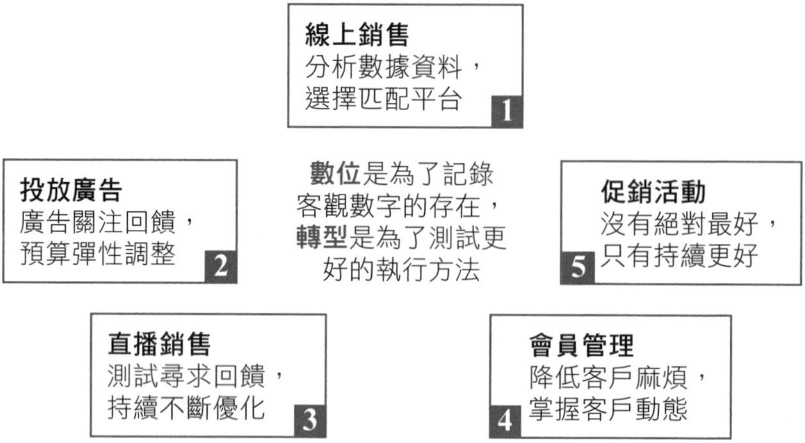

線上銷售
分析數據資料，
選擇匹配平台
1

投放廣告
廣告關注回饋，
預算彈性調整
2

數位是為了記錄
客觀數字的存在，
轉型是為了測試更
好的執行方法

促銷活動
沒有絕對最好，
只有持續更好
5

直播銷售
測試尋求回饋，
持續不斷優化
3

會員管理
降低客戶麻煩，
掌握客戶動態
4

圖表6-1 數位轉型的目的

三、數位轉型到底怎麼執行？

現在，你應該已經知道了，數位轉型是一個必然的趨勢，也知道本質是為了紀錄、回饋和優化。那麼，我們到底該怎麼開始執行數位轉型呢？

我總結了三大步驟，一個個和大家分享：

在線化
（基礎搭建）

數據化
（紀錄分析）

智能化
（優化調整）

圖表6-2 數位轉型3階段

1. 在線化

顧名思義，很多人都覺得「在線化」，只要把公司的商品和服務從線下搬到線上，就算完成了在線化的第一步。

其實，透過前面這麼多的描述就知道，==數位轉型真正、且最重要的關鍵是為了「紀錄」==。所以，如果純粹只把商品和服務放到了自己官網上、放到FB粉專以及其他社群平台，甚至是放到各個不同銷售平台，這種方式就跟把商品放到超市、超商或是大賣場等各種不同通路一樣。因為我們沒有真正建立「在線化」。記住，數位化的目的是為了「紀錄」這個連結功能。換句話說，這一切是為了要記錄客戶行為，記錄銷售流程。

> 記錄客戶行為，
> 記錄銷售流程。

舉例來說，建立官網之後，不管是用電腦或手機瀏覽，都可以說是完成了「在線化」的第一步，但是針對「紀錄」這個目的，你得觀察官網是否能收集客戶來自於何處？能不能留下瀏覽網頁的所有過程？包含停留網頁時間、瀏覽商品時間以及留言回饋等等。

甚至客戶下單之後，到客戶收到商品，是否都在承諾的時間之內到達？以及客戶採購的滿意度，和購買後的使用狀況等等。

如果再從「測試」商業模式流程的觀點來看，在線化肯定不僅止於把商品與服務放到自己的官網上，反而應該透過各種不同的線上平台，甚至是利用團購跟社交網站，來記錄且評估不同平台的客戶流量、客戶分類、客戶行為，以及不同的銷售流程、支付工具、運費、物流運送，甚至所有的客戶回饋等等。

看到這裡，很多人可能會大嘆一口氣，覺得「在線化」沒有想像中容易。可是換個角度想，你也可以因此判定，其實還有非常多的廠商和競爭者沒有真正進入在線化的領域，而這也是我們有機會後發先至、彎道超車的勝出關鍵。

2. 數據化

其實只要了解在線化的真正目的，也就是「紀錄」之後，對於「數據化」的概念就會了然於胸了。

因為記錄的目的，就是為了收集數據，而收集數據的目的，就是為了得到「客觀的事實」，而不會在決策過程流於「主觀的認定」。

所以，有時候我們也可以顛倒過來思考，如果你

想要得到某項「數據」，那麼當你設計「在線化」的時候，就要把可以收集這項數據的功能和方法加進去。

譬如說，我要銷售影音產品，或是線上影音課程，但是我想了解自己在影片中講話的語速是慢還是快，未來要怎麼調整。

通常這種「是慢是快」就是一種非常主觀判定，不過當我在影音產品中加上可以讓語速變慢或變快的功能（現在很多線上影片或音檔都已經有這樣的功能），這個時候我就有機會在後台收集所有聽眾或觀眾的播放紀錄，看看他們是否調整了快和慢的功能，如果快放的人多，就代表我的語速過慢，如果慢放的人多，就代表我的語速過快。這種一目了然的紀錄，可以讓我知道未來說話的語速應該如何調整了。

3. 智能化

如果說在線化是「基礎搭建」，而數據化是「紀錄分析」，那麼智能化就是最終的「優化調整」了。

很多人看到「智能」兩個字，很可能腦中浮現的，都是AI或是人工智慧，其實會這樣想也不為過，因為上面說過，所有的紀錄都可以數據化留存，而我們又能根據這些數據來理解用戶的喜好，那麼為什麼不能直接透過自動化的調整，也就是「智能化」的改善來滿足客戶

需求，進而讓更多客戶買單、完成更多交易，提升公司業績呢？

就像前面販賣影音產品或是線上課程的案例，如果我發現後台的紀錄顯示，有非常多客戶在播放影片的時候，喜歡用快1.5倍速度來播放，就代表我在影片中的語速稍嫌慢了一點。

這些紀錄讓我有了改善的機會，可以在未來錄製影片的時候，加快自己的說話速度，進一步貼近用戶需求。

但是，如果系統本身就有自動「智能化」的改善功能呢？舉個例子說，我們可以預先設定系統，只要有客戶操作快放功能，未來該客戶播放影片的時候，「智能化」能夠自動默認把影片調整為快放模式。如此一來，完全不需要人為統計分析，再手動調整，或是改變自己錄製影片的語速。只要主講人維持他既定的風格，透過用戶自己快放或慢放的調整，然後系統智能化的紀錄，並且默認用戶的習慣之後，平台上的影片就可以自動滿足不同客戶的需求。

總之，數位轉型這個工作，說簡單也簡單，說困難也困難。簡單的是，只要有開始，只要有行動，進入數位轉型領域，公司就開始變強了。

困難的是，「轉型」就跟專案「玩一場不確定到確

定」的遊戲一樣，沒有一個真正的成功方程式，沒有一個不變的標準流程。

　　但是，透過了解數位轉型的本質、目的，以及提供給大家三個循序漸進的執行步驟，再搭配前面所說的數位轉型應用（傳統和新生這兩個世代的五個對話），相信「搞定不確定」就不是件難事，也可以持續調整優化，讓未來的一切越來越好。

【課後練習】

1.試著以自己公司為例，看看數位轉型三個步驟是否已經開始？又進展到了哪一個步驟？

2.如果你想要創造一種斜槓人生，進而增加額外收入，試著用今天學習到的數位轉型觀念和方式，寫下一個500到1,000字的計畫書，其中涵蓋怎麼「收集紀錄、分析回饋、測試優化」的執行方案。

第7章

專案時機
什麼情況下適合推動專案？

・肌肉是練出來的
・山頂是爬出來的

時機，是做著做著
自己跑出來的

　　不管在課堂上教授專案管理，又或是平常和企業家
朋友聊天的時候，大家常有類似以下的問題：

　　「到底什麼時候比較適合推動專案？」
　　「對啊，沒有適合人才要怎麼推動專案？」
　　「平常工作都夠忙了，怎麼讓大家做專案？」
　　……（後面省略閒話家常一萬句）。

　　每次回答這些問題之前，都讓我想起，2015年剛開

始騎自行車上陽明山風櫃嘴的經歷。

記得第一次騎完累得跟狗一樣，之後還被慫恿買了一台專業的捷安特公路車。然後，接下來，你以為我從此過著幸福美滿的日子，變成強大的復仇者聯盟了嗎？

並！沒！有！

本來，一開始騎別人的車上陽明山，然後累得跟狗一樣。

後來，卻換成騎自己的車上陽明山，然後累得跟狗一樣。

實在很難想像，短短6公里風櫃嘴的山路，可以把人累成了狗。不過，看我如此弱，帶著我騎車的兩位教練師傅，都大我十多歲，卻可以臉不紅氣不喘地輕鬆上山。

再加上，他們兩位都是鐵人三項的大神級人物，也不管我才剛買了腳踏車，也不管每次我騎車上山感覺像快升天，更不管我是否還想繼續跟他們當朋友，只持續不斷推坑問我：

「要不要去參加年底陽明山的87公里山路賽事？那個賽事叫做陽金3P，不是你想歪了的那種3P喔！是指三座山，3個Peak（峰頂），小油坑、風櫃嘴加上冷水坑，非常好玩喔？」

「要不要參加鐵人三項？除了騎腳踏車之外，還有游泳和跑步，不會只有騎車這麼單調，運動項目會變，而且還可以看不同風景，非常好玩喔？」

那時候聽到這種邀約，我心裡就在想：「林北騎完6公里風櫃嘴就快掛點了，還要我去參加87公里的陽明山山路比賽？難不成真把我當87（白痴）嗎？還要加上游泳跟跑步的鐵人三項？是嫌騎車不夠累？還是非常好玩？想把我玩死還差不多！」

我一整個完全不想理會這種沒有人性的推坑行為。反正你講你的，我騎我的。

「他強任他強，清風拂山崗；他橫由他橫，明月照大江。」

他們每天講每天講，我就安安靜靜地每天騎每天騎，然後從6公里增加到10公里，從10公里增加到30公里，再從30公里到60公里、80公里、100公里。然後我突然發現，平時騎車練習的距離已經超過3P比賽的距離；然後……，我就去比賽了。

接著，不小心被拉去跑步和游泳，跑著跑著、游著游著，就發現和騎車加在一起，也還蠻舒服的。然後，練著練著……，又去三鐵比賽了。

後來，暮然回首一路的點點滴滴，發現並非因為比

賽才持續練習，而是因為持續練習才能夠比賽。

持續不斷練習的情況之下，才理解「所有比賽也只不過是練習的延伸」。換句話說，練習就是一種比賽，比賽也是一種練習。

> 練習就是一種比賽，
> 比賽也是一種練習。

同樣的，回到一開始的問題：「要人才沒有人才，要時間沒有時間，那到底什麼情況之下才適合展開專案？」

這樣的問題，像不像我一開始騎車，就問我要不要參加比賽一樣？剛開始運動的我，可以說是「要體力沒有體力，要技術沒有技術」，那到底什麼情況之下才適合參加比賽？

答案其實很簡單，就跟前面練習比賽的順序一樣，不是因為具備能力才展開專案，而是因為展開專案才具備能力。

> 不是因為具備能力才展開專案，
> 而是因為展開專案才具備能力。

　　專案，是玩一場「從不確定到確定的遊戲」，既然要「搞定不確定」，那就要從「不確定」當中去學習。所以，「任何時機，都是最好的時機」，就像打遊戲玩手遊一樣，一直打怪、一直過關、一直突破、一直變強。簡單來說，不是足夠強大才能解決問題，而是解決問題才能足夠強大。

> 不是足夠強大才能解決問題，
> 而是解決問題才能足夠強大。

　　總之，再次強調，最重要的核心觀念：

- 任何的時機都是最好的時機。
- 專案的推動就是能力的累積。

　　就跟所有的訓練一樣，透過時間淬鍊，會不斷提升自己的能力，而根據我過往專案經驗，在職場工作環

境裡，大致上會不斷經歷四種不同複雜度、困難度逐步增加的專案階段。對個人或是企業來說，建議及早開始進行第一階段的專案「練習」，如此一來，未來面對其他階段的專案「比賽」時，才可以將其視為「練習的延伸」，從容地面對任何專案。

第一階段：練兵——培養獨當一面人才

說句老實話，從進入職場開始，做的任何事情或工作，其實都是專案。

就算有人說，我做的是「規律性工作」，每天日復一日，年復一年，哪有什麼專案可言。依照我之前的定義，面對「不確定的未來」，才能稱為專案啊！

真的是這樣子嗎？

記得進入半導體工作第二年，有次參加了一個財務改善工作流程的分享會，其中有一位專門處理應付帳款的員工，每個月都要處理好幾千筆的廠商付款，也就是要收集好幾千份的廠商發票。後來她突發奇想，就請廠商的採購人員和使用單位，直接彙整每個月的採購使用數量，然後月底給使用單位簽字之後，廠商只要針對彙整的數字，開立「一張發票」就好了。如此一來，這位

應付帳款處理人員，一下子就從每月要收集好幾千份的發票，驟降至每月收集不到一百張的發票，不僅她的工作負擔大幅降低，更重要的是，加快了她處理帳務的速度，讓廠商更快收到帳款，可以說是個皆大歡喜的流程改善。

例如以往公司每次向廠商購買原物料，就要開立一張發票，如果購買100次，就要開立100張發票。但如果改成，公司每次購買時，向原物料使用單位登記購買多少量，廠商和使用單位互相簽字認可使用數量和價錢，等到月底一起結算，例如這個月購買了100次，每次100元，月底時就匯總金額10,000元，並開立一張10,000元的發票即可。

像這樣，明明是一份「規律性工作」，但實際上執行者的做法不一定是我們熟悉的那種「規律」，可能會有各種「不確定」的改善方式。這種「把規律看成不確定」，想要事情做得「好還要更好」的態度，就是專案基礎，也是學習「做事」最重要的蹲馬步基本功。

除了學習做事的方法之外，另外怎麼安排「計畫」，也是非常重要的打底訓練工作。

就像我在半導體工作，有一段時間待在流程改善部門，我老闆是一位非常好的導師，他常常說，需要改善的流程，不僅僅要專注「空間」，更要關注「時間」。

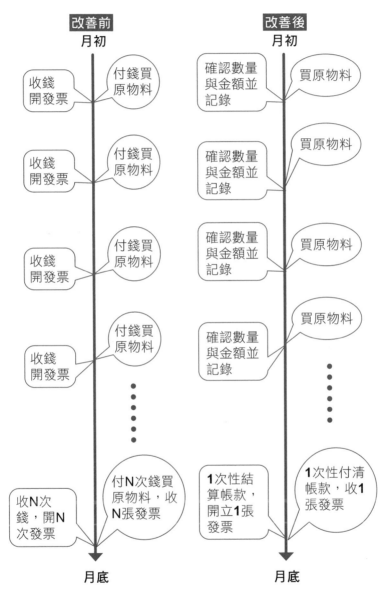

圖7-1 會計流程改善專案

這個時間上的流程改善，可以從每天早上規畫一天的工作行程開始訓練。

所以每天一大早的晨會，他要求我們匯報當天的行程，以及安排的理由。參與別人的工作安排就算了，如果是自己安排的工作，他就會問為什麼這樣安排動線？為什麼要這樣安排訪談？

這是為了讓我們思考，如何安排外出動線可以減少更多時間，怎麼樣安排訪談會讓訊息串聯更順遂，並在後續撰寫報告時，更節省有效率。

從每一天，到每一週，再延長到每個月和每一年，慢慢地就能養成計畫能力。

專案從小做起，才能逐漸做大；不只培養經驗，更是孕育人才。

第二階段：整合──打破組織之間藩籬

常聽人說「做事容易做人難」，最大原因在於，事情的變化往往不及人的變化大。更何況很多事情的變化，都來自人的變化。

所以，學習了怎麼計畫和怎麼做事之後，接著要理解怎麼做人和與人相處。

溝通和做人是一輩子的事，其中的學問和道理永遠都學不完，如果要買書的話，一卡車都載不下，但有三個祕訣和大招，可以持續不斷地練習，永遠不退流行，而且簡單易懂又易學，那就是「學聽話、學觀察、學交換」。

1. 學聽話：理解特殊語言

　　像我一開始進入台積電和力晶這些半導體產業工作的時候，每次開會大家說的很開心，而我身在其中也裝得很開心。因為討論過程，從頭到尾一堆的專有名詞、一堆的縮寫、一堆的行話，明明都是用中文說，卻感覺自己像個化外之民。

　　後來，加入淡馬錫集團進入金融圈，不僅本業是個新的開始，又來一堆新的術語，再加上工作上得面對來自不同省分和縣市的各行各業，簡直是被各種不同外星語言和方言雙重衝擊了。

　　所以，認真學聽話，學著別人的語言，理解真實的含義，才有機會給予正確的應對。

　　這個是最重要的第一步。

補充說明 語言的相互理解，真的是溝通最基本的關鍵。就像一開始我在大陸工作的時候，聽到「輸液」

「掛水」丈二金剛摸不著頭緒，一臉的懵圈，後來才知道其實就是「打點滴」。

2. 學觀察：學習察言觀色

部門和部門之間，本來就存在很多利害關係，除了業務上的競爭關係之外，更多的情況可能是部門領導之間的相處關係。

所以進行專案的時候，了解不同單位之間的「人際關係」，就顯得格外重要。這也是在進行專案當中，整合來自不同部門的聲音，共同為專案目標努力的重要做法。

舉例來說，就像我在半導體公司工程部任職的時候，有一次擔當專案經理，需要尋求一組後勤部門的支持，但是這後勤部的主管和我們工程部的老闆，那是一個水火不容。所以，當我知道了這種情況、且邀請該部門支援的時候，就不是用直球對決來正式開會邀請他們加入專案，而是私底下幫了他們部門很多的忙，甚至常常邀請他們一起聚會同樂，也借機邀請他們部門主管參與來建立感情。

就這樣，我自己主動不斷地和他們建立關係，最後還是由他們的部門老闆，主動提出要全力支持我這個專案。

畢竟，誰和誰不合，我知道就好了，但是只要我願意和別人合作，專案的進行就可以順利推動。

3. 學交換：價值互通有無

常言道，人與人之間的相處，都是「互相」的。伸手不打笑臉人，你對我好一點，我對你好一點，其實說到底，這就是一種「價值交換」。

就像前面章節曾經說過的，任何專案在進行過程中，都要盡量貼心地了解專案成員如何在專案過程中也得到「好處」，如果看不到好處，就要設計好處，這才是有價值的互通有無，別人也才想幫你幹活，參與你的專案。

就像每個人每天上班，其實是參與「讓公司活下去」這個專案，或者說「讓公司賺大錢」這個專案。

但如果換個角度想，假設公司不付你工資，你會參與「讓公司活下去」這個專案嗎？又或者不給你額外的獎金，你會拼命達成「讓公司賺大錢」這個專案目標嗎？

所以說，只有了解了價值，知道如何互通有無，才能真正達到「整合」這個目的。就像公司理解了工資和獎金的價值，也知道怎麼互通有無地拿工資、獎金來整合一群共同努力的員工和主管，才能夠真正達成「讓公

司活下去」和「賺大錢」的專案目標。

第三階段：革新——推動企業重大改革

很多人都知道「危機也是轉機」，但不見得所有的危機都是轉機，如果沒有前面第一階段計畫和做事的能力，也沒有第二階段溝通和做人的能力，那麼第三個階段要能夠掌控風險，跟掌控全局，把危機變成轉機就沒有這麼容易了。

就拿新冠疫情延燒的這兩年來說，對很多企業都面臨生死交關的衝擊，尤其是專注在實體線下銷售的商家，業績都呈現斷崖似的下滑。

當然在這種情況之下，大家一窩蜂地想把業務轉到線上或者電商銷售。

我認識挺過這波疫情的企業家中，不少都是傳統產業，甚至一開始只是經營實體線下業務的公司。就算臨危受命，遇上了百年難得一見的危機，但是憑著過去縝密的計畫和做事能力，還有長期累積的信用、善於溝通和做人的能力，儘管線上或者電商是個嶄新的領域，他們卻知道怎麼在入不敷出的情況之下，「該節約的節約」、「該割捨的割捨」，先把風險控制住。

然後慢慢地穩定人心，將線下到線上的轉換流程順利地建立起來，接著耐心地培訓員工並實作，讓他們習慣不同銷售方式，再慢慢地把線下的客戶一點一滴地拉到線上。

簡單來說，就是讓公司、員工、客戶、流程這整個大局，穩穩地重新站起來而不至於亂了、散了。

這整個轉換跟建立的過程，雖然是「江湖一點訣，說破不值錢」，但是真正的關鍵，還得要靠第一階段和第二階段穩扎穩打實力的累積。

第四階段：興利──從無到有新創專案

自從多年前任職創投這個行業，接觸了非常多的創業家，不管是第一次創業也好，或是多次創業也罷，甚至是在同一個集團內，另外開展新的事業發展或品牌，簡單來講，這些都屬於一個從無到有的新創專案。

一切「從頭開始」，肯定要「計畫和做事」，也需要「溝通和做人」，更需要「掌控風險」跟「看清局勢」，亦即學習「風險和做局」，也就是說，前面的每個階段都必須要經歷。

這也是為什麼創業是一個「屢戰屢敗、屢敗屢戰」

的過程，因為每一次的經驗，都是未來成功的養分。

很多人都說「創業失敗」，但我常常告訴他們，那只是「暫時停止成功」，因為沒有經歷過這些階段的養成，本來就不容易一下子達標。

就算達標成功了，其中很大一部分可能是運氣好。因為太容易成功的情況下，你並不知道可能的障礙是什麼，可能的難關是什麼，如果下次碰到了類似的問題，你可能就躲不開了。

第一階段：練兵——
培養獨當一面人才

❶ 學習計畫跟做事

第二階段：整合——
打破組織之間藩籬

❷ 學習溝通跟做人

❹ 學習眼光和做夢

第四階段：興利——
從無到有新創專案

❸ 學習風險跟做局

第三階段：革新——
推動企業重大改革

圖表7-2 專案4階段的學習重點

　　所以人家才說，用智慧的眼光看待未來，並且要勇敢作夢、勇敢去想。但是要有眼光、有夢想，也不要忘記登高必自卑、行遠必自邇。也就是所謂的萬丈高樓平地起，羅馬不是一天造成。

　　這就是第四個階段，要學習「眼光跟作夢」最核心的關鍵。總之如果你問：「什麼時候是推動專案最好的時候？」我的答案永遠會是：「什麼時候都是推動專案最好的時候！」

課後練習

1.以自己的生活為例，不管是學習、運動或是減肥、旅遊，是否可以套用在專案上，看看這些專案經歷了文中四個階段的哪些階段？

2.以職場上的專案為例，舉一個在過程當中讓你學習與收穫良多的經驗，看看這個經驗是屬於上面四個階段的哪個階段？

第8章 專案經理
什麼樣的人適合做專案經理?

- 願意,搞定不確定
- 利他,團結力量大
- 好奇,好還能更好

蹲低,
就能夠跳得更高

　　服完兵役之後,進入職場不到一年,我開始擔任公司內部專案經理的角色。事實上,我們那個單位大概五、六個人而已,部門本身在公司的職務定位,就是協助企業內部不同部門改善各種專案。

　　進入公司一年不到就擔任專案經理,與其說我本身具備專案經理的特質,倒不如說是透過持續不斷地訓練,讓我理解專案經理需要具備哪些條件,然後在整體行為和心態模式上,養成一位專案經理必須具備的特質,這說法還比較符合當時我的實際情況。

記得那個時候，我的老闆，也是訓練我們成為專案經理的頭兒，最常掛在嘴上的口頭禪就是這幾句話：

　　「想那麼多幹嘛？說『好』，去做就對了。」
　　「不要老愛出鋒頭，把功勞讓給別人，要不然誰願意幫你？」
　　「哪有什麼不會的？不會？那就去學啊！」

　　記得研究所畢業的時候，一位學長給我的畢業贈言是：

　　「三百六十行，哪一行最好？」
　　「『跟對人』這行最好。」

　　當時聽到學長這句話的時候，其實心中並沒有太多感受，可是多年之後認真回想起來，一開始進入職場的時候，就遇到一位好老闆，幫著你建立正確的價值觀，真的比進入一個好產業賺很多錢還要重要。

　　我很幸運，在第一份工作的時候，就「跟對了人」。尤其是，我老闆一天到晚喋喋不休的幾句口頭禪，後來認真思考起來，還真的就是培養一名專案經理必須具備的三個重要的特質，也可以說是思維模式：

一、願意：擁抱不確定性，接受挑戰
二、利他：善於幫助他人，成全他人
三、好奇：喜歡解決問題，樂於學習

一、願意——擁抱不確定性，接受挑戰

「想那麼多幹嘛？說『好』，去做就對了。」

說實話，以前一開始聽到老闆這麼對我說的時候，一整個心裡就是想：「XX的，你又不是我，你叫我說『好』，去做就對了？問題都是我在處理，麻煩都是我在承擔，然後你身為老闆，閒閒坐在辦公室裡沒事，就可以享受專案成果，說到底，到底是我好？還是你好？」

看到這裡，有沒有覺得這種場景很感同身受？沒錯，就是因為問題是專案經理處理，麻煩也是專案經理承擔。

所以，當我說「好」的那一剎那，所有的經驗就在我身上開始累積、開始發酵。所有專案當中原來想像的「不確定」，在我著手處理問題和承擔麻煩之後，一點一滴的變成「確定」。

如果沒有那聲「好」，沒有那個「願意」，後面發生的所有事情都與我無關了。因為原來在我心中的那些不確定，在我放棄了「願意」、放棄了經歷，永遠都是「不確定」，絕對不會成為我的「確定」和寶貴經驗。

所以說第一份的工作養成，真的非常重要。後來就算離開了這個以專案主導的團隊，說「好」還有「願意」的習慣，似乎也珍貴地建立起來了。

接下來的職業生涯裡，不管是新的工作地點、新的職務、新的產業領域、新的麻煩、新的問題，我習慣性不讓自己拒絕，先在心裡說聲「好」，接下來再認真去想該怎麼做，只要有什麼想法就行了。

這也讓我想起在大陸工作的時候，聽到兩句順口溜：只要思想不滑坡，辦法總比問題多。

回頭再看看「願意」這個思維，特別心有戚戚焉。寫到這段的時候，還突然想起來，以前老闆常常另外說到的兩句話：

「吾少也賤，故多能鄙事。」
「老狗，變不出新把戲。」

想到他常常戲謔地告訴我們，別把自己搞得這麼高貴，別倚老賣老，把自己放低一點，把自己當新人，這

樣才能夠學得多、會得多，也能有更多新把戲。

願意，是一種「內在驅動力」。

這種力量，遠比外在權力指派，更容易成為推動自己做事的持續動力。

也許很多人像我一樣，一開始接收到任務的時候都是百般不願意，如果你也有這樣的困擾，或許我可以分享一個小秘訣。

那就是，每當直覺上心不甘、情不願接到工作的時候，試著拿起紙筆，硬生生地思考這個工作可以帶給你的「10大好處」，（寫不出10個，寫3個5個也行）振筆疾書拼命寫出來。

然後，每天早、中、晚看個三遍，相信不用一個禮拜，你就會慢慢開始喜歡上這個工作，而且做得比別人來得帶勁、來得好。

好處讓自己願意，願意讓自己喜歡。讀完這個章節之後，今天不妨就拿一個你接到的任務，試著做做看。

> 好處讓自己願意，
> 願意讓自己喜歡。

二、利他——善於幫助他人，成全他人

「不要老愛出鋒頭，把功勞讓給別人，要不然誰願意幫你？」

這也是我擔任專案經理的時候，最常被耳提面命的一句話，也是最覺得忿忿不平的一件事。

畢竟半導體企業的組織都非常龐大，每一個人負擔的工作內容很容易一個蘿蔔一個坑，涉及的工作範圍不廣，能夠凸顯自己績效的機會也不是很大。

好不容易擔任跨部門、跨組織的專案經理，可是千載難逢可以讓自己的能力被別人看見，甚至一馬當先凸顯自己、展現自己的時刻，怎麼還被要求不要出鋒頭，甚至要把功勞讓給別人？

但是聽到老闆這樣說，他又是打我績效考核的人，所謂「人在屋簷下，不得不低頭」，只得壓抑自己鋒芒畢露的意圖，盡量凸顯專案成員每一個人的付出和功勞。

也因此，在專案啟動會議的時候，不管別人怎麼介紹專案成員，身為專案經理的我們，每次都是「隆重」介紹每位專案成員，包括成員過去在職場上的豐功偉業，甚至是每一個人的興趣、每一個人工作以外的專長。後來更優化成製作動畫簡報、或是簡短的影音檔，

讓每位成員像明星一樣被引薦出場。甚至，還讓每一個人留言說出自己對這個專案的期許、對專案的承諾、希望達到的目標，最重要的，是陳述這個專案對他而言，會帶給他什麼樣的「好處」。

然後在專案過程中，每一次的期中報告，專案經理會匯報每個專案成員的貢獻，再請專案成員回饋他們過程中的心得，以及學習到有價值的地方，和接下來可以修正的部分。會後，專案經理彙整所有的「功績」與「貢獻」，然後傳送給所有成員的直屬主管。

等到專案結案的時候，我們習慣舉辦一場成果發表會，讓每個專案成員發表過程當中他們的付出還有獲得的成果，同時也邀請所有成員直屬主管一起參與，並且製作成錄影剪輯。千萬不要小看最後的錄影，這個不僅對於未來的專案學習與改進有非常大的幫助，也可以非常清楚地記錄下每一個成員對這個專案的投入和心血，讓直屬主管了解屬下參與專案的情況，好在評估績效考核的時候，把專案投入納入評分考量。

這種做法和安排是基於老闆告訴我們，身為專案經理，除了完成專案目標之外，最重要的，是讓專案成員的付出被「看見」，他們的「功勞」一定要被彰顯。這是給專案成員最基本的「好處」，也是最基本的尊重。

不管專案成員未來有沒有升官加薪，但是至少這些

貼心的作為，會讓別人願意在未來繼續與你合作。

　　說實話，從一開始滿心的不願意，要壓抑自己的鋒芒，彰顯別人的功勞，到最後順著老闆的話去做。結果就是，每做完一次專案，可以結交到好多的朋友，而且還收到滿滿的感謝。這些感謝，不僅僅來自專案成員，還有專案成員的直屬老闆。隨著時間的推移，這些「好處」終於慢慢能夠體會出來：成功，就是幫助別人成功；功勞，來自彰顯別人功勞。

> 成功，就是幫助別人成功；
> 功勞，來自彰顯別人功勞。

三、好奇──喜歡解決問題，樂於學習

> 「哪有什麼不會的？不會？那就去學啊！」

　　說到這個口頭禪，應該是身為專案經理的我，被罵得最多的一句話。

　　先重申我對專案的定義了，「玩一場不確定到確定的遊戲。」既然專案是一連串的不確定，所以在專案過程中會涉及到的很多領域、知識、流程、人際關係等

等，都會持續變化，也會持續推陳出新。

也因此，在推進專案過程中，身為專案經理，一旦碰到新的議題和新的情況，「不懂」、「不會」、「不清楚」是非常正常的事（這句話很重要，請專案經理自己讀三遍）。

尤其在半導體這個產業，就算在大學裡我學的專業是工業工程，還是有一堆的知識讓我一個頭兩個大，不管是艱深的電子電機工程、令人頭腦發脹的材料工程，甚至是各種令人連名字都記不起來的各種機器設備。就算這些知識不是天書，也夠你學習的。

既然身處在這行業，免不了任何專案都會涉及相關專業知識，所以在專案進行過程中，身為專案經理的我們，每次向老闆報告的時候，總是會有類似下面這樣的對話：

「我不懂這個設備是幹什麼用的……」
「這個是電子電機的專業，我不會啦……」
「為什麼研發要用這種材料，我不是很清楚……」

一旦這樣起頭，老闆就會連珠炮似地用本章開頭的那些口頭禪炸過來：

「不懂就去搞懂啊！」

「不會就去學會啊！」

「不清楚就去弄清楚啊！」

　　雖然一肚子不爽，但是面對老闆這種鏗鏘有力的回
應，除了當下不知道怎麼懟回去，事後卻覺得好像很有
道理，「不懂、不會、不清楚？那就去搞懂、學會、弄
清楚啊！」

　　有趣的是，久而久之，日復一日，反正你也知道
老闆不接受「不懂、不會、不清楚」的回答，自己也開
始慢慢習慣「搞懂、學會、弄清楚」之後，再向老闆匯
報。專案經理當久了，漸漸地知識越學越廣，能力越練
越強，會的越來越多，懂的越來越深。

> 知識越學越廣，
> 能力越練越強，
> 會的越來越多，
> 懂的越來越深。

　　過了好多年之後，當初的貴人老闆雖然已經離開了
人世，但回首來時路，終於能夠理解，原來每天的口頭

禪是為了：

一直不斷地提醒；

一直不斷地耳提面命；

一直不斷地告訴我們要記住；

一直不斷地幫著我們養成習慣。

然後一點一滴，日積月累，讓我們終於具備了三個重要特質和思維模式：願意能夠擁抱不確定性，接受挑戰；利他是善於幫助他人，成全他人；好奇在於喜歡解決問題，樂於學習。

另外，還有兩項也是身為一位好的專案經理，所需要具備的重要特質和思維模式：變小，能夠變得越大；蹲低，能夠跳得更高。

> 變小，能夠變得越大；
> 蹲低，能夠跳得更高。

(課後練習)

1.除了文中分享的三個特質之外，你覺得還有哪些其他的特質，是一個好的專案經理必須具備的？

2.就你過去曾經參與過的專案，或是領導過的專案，你自己或領導者是否具備這三個特質，有助於推動專案的進行？試著舉例分享。

第3篇

架構執行：6T

9

第9章

專案主題
要怎麼選擇專案？

- 努力一定是必要
- 選擇有時更重要

> 選擇，是必要且
> 持續的智慧

　　我們一輩子，不斷面臨各式各樣的選擇，包含選擇哪一家幼稚園？哪一所國小與國中？要選普通高中還是技術職業學校？接著大專要選什麼科系？要不要繼續念研究所？畢業後要選擇從事什麼產業？買什麼樣的房子等等。

　　常聽到有句老話：「男怕入錯行，女怕嫁錯郎。」其實這個「怕」字，就是擔心做了錯誤的「選擇」。

　　還記得在大陸工作的時候，有次參加演講聽到一個小故事，說有兩個雙胞胎男孩兒都是80後（也就是1980

年代出生），在大學本科（主修）學的都新聞媒體相關的大眾傳播，成績也是拔尖兒的好，就是大家心目中學霸類型。

到了畢業的時候，大家各奔東西，準備選擇入職的公司。哥哥比較保守穩重，決定選擇傳統的知名報章雜誌媒體，希望能夠好好學以致用，發揮所長，在自己大眾傳播的專業領域裡面闖出一片天。

弟弟呢，雖然長相和哥哥幾乎一模一樣，但是個性南轅北轍，不僅喜歡挑戰新鮮事物，而且好奇心爆棚。最後他決定進入社群發家的網路媒體公司，而選擇這家公司的理由也很奇葩，就是因為這家公司的社群產品名字很酷，叫做QQ。

看到這裡，我想大家要麼會心一笑，要麼驚呼找工作怎麼跟買樂透一樣。可想而知，這兩位兄弟的職場生涯一定非常不同。

就算兩位男孩非常努力、認真工作，一帆風順地在各自的公司裡爬升高位，但不管是薪資收入也好、思維視野也罷，甚至是工作型態、生活節奏一定差異非常大。

在這裡，我想要大家關注的是，我並沒有用「男怕入錯行」來強調這兩位兄弟所選擇的職業孰優孰劣，我只是想很中立地告訴大家，**選擇不一樣，結果不一樣**。

至於是好是壞，從來沒有一個客觀的判定，端看你

想要的目標是什麼。

如果兄弟兩個當初在選擇工作的時候，都設定了一樣的目標，打個比方，都想在10年之內存到1,000萬台幣（將近200萬人民幣），而且兩個兄弟固守崗位，沒有額外打工、沒有換工作，認真努力存錢不亂花，那顯而易見的，就算兩個人一樣拼命，弟弟達到目標的速度可能比哥哥快很多，畢竟他選擇了QQ，也就是大家耳熟能詳的「騰訊」。

人生其實就是一個「不確定」的旅程，但是你會在每個階段，設定一些「確定」的目標，換句話說，每個階段都是一項不同的專案。

就像前面這個案例，就是在選擇職業的這個階段上，呈現出了兩個截然不同的專案型態。

刻意舉這個反差很大的例子，只是想在專案「主題選定」（Theme）這個部分告訴大家，「選擇」在專案管理的過程當中，扮演了非常重要的角色。

而且一般來說，在「選擇」主題上我們最常會問的問題，大概不外乎就是三類：

一、怎麼選擇會最好？

二、為什麼要這麼選？

三、選擇是否可以改？

一、怎麼選擇會最好？

通常我們在選擇專案的時候，或是選擇做什麼事情的時候，其實抉擇的條件很簡單，就是對我們一定要有「好處」，而這個好處對每一個人、每一個組織不見得會一樣。

如果只是用「好處」兩個字，做形而上定性的回答，每個人應該很難做出抉擇，所以進一步來看，這個好處就是能夠帶給我們「最大效益」。這個最大效益，最好能夠用定量化的數字來衡量。

很多人對「最大效益」通常沒有數字概念，所以我簡單用財務管理上一個非常重要的指標「總資產報酬率」，幫助大家理解什麼是「最大效益」。相信你學完之後，也可以延伸這個定義到生活、工作，甚至是其他方方面面的專案選擇。

總資產報酬率的定義其實很簡單，就是我們投入資源之後，能獲得到的報酬。

舉例來說，如果你有A、B兩個案子可以選擇：

- 投入A案100元可以賺10元，總資產報酬率是10%。
- 投入B案100元可以賺20元，總資產報酬率是20%。

對任何人而言，都希望自己投入同樣的資源或金錢，能夠獲得最大的回報，所以選擇B案比較符合「最大效益」。

同樣的，如果有兩個不同的案子，是以我的時間投入當作服務，交換對方的金錢報酬，打個比方，我做家教，然後A學生報價1個小時100元，B學生報價1個小時200元，那麼對我而言，同樣投入一個小時的時間，B學生提供我比較大的投資報酬，換句話說，我獲得了更大的效益。

這裡提到的，不管是公司金錢資源，或者個人的時間資源，都有一個共同的重要特性，那就是「稀缺」，也就是資源「有限」。

所以怎麼樣利用這個有限的「稀缺」資源，並持續不斷累積更多的資源，讓公司或個人有備無患，通常是考量主題選擇的時候，必須用「總資產報酬率」這個「最大效益」作為標準的主要原因。換句話說，要用稀缺資源創造最大效益，選擇總資產報酬率最大的專案。

> 要用稀缺資源創造最大效益，
> 選擇總資產報酬率最大專案。

二、為什麼要這麼選？

看完前面主題選擇必須關注的最大效益之後，很多人心中可能反而有了進一步的疑問，就是在很多時候，專案的選擇好像不是往最大效益靠攏？

譬如說，像我第一次「選擇」換工作，薪水打了非常大的折扣，很多人看到我這樣轉換跑道，都覺得這種抉擇非常不符合效益。

但是就我個人而言，我清楚地知道，這份新工作不管在工作深度和廣度上，都能大幅度提升我的能力。另外，就算薪水沒有增加，工作職位卻提高了好幾個層級，讓我有機會擴展與提升管理的視野與格局。

所以，儘管有形的金錢回饋並沒有提供最大效益的報酬，但是無形的能力提升，確實是對自己最好的投資，也反映在未來的金錢報酬上。

換句話說，有時候的最大效益可以是，以犧牲短期的小利，獲取長期的大利。

> 犧牲短期的小利，
> 獲取長期的大利。

另外，像我常去一些創業家朋友的公司參觀，很多人的辦公環境真是亂七八糟到無以復加。剛開始我還會苦口婆心地告訴他們，把公司的文件整理好，最好也把系統建制好，例如ERP（Enterprise Resource Planning，企業資源規畫），這樣未來公司規模做大之後，才能夠省心省力，賺更多的錢，獲取最大的效益。

　　後來有一次，一位老闆好友實在忍不住我的嘮叨，直接對我說，他也知道建立有制度的系統，對公司長期發展有最大效益，但對他這種非常小的微型企業來說，短時間之內還不需要這麼大的系統，其實只要簡單套裝軟體，甚至是微軟Office作業系統就可以滿足需求了。至於公司看起來亂歸亂，但最重要的關鍵是人力少、花費不多，所有精力先投入到業務處理、招攬訂單、包裝出貨和售後服務上，先把收入做大，把淨利、現金累積起來，才是迫在眉睫最重要的事情，同時也才有資源建置未來的系統。

　　最後他還跟我下了一個簡單的總結，他說：「他情願亂七八糟賺得到錢，也不要井井有條賺不到錢。」

　　聽完好友這樣子的描述，我頓時醍醐灌頂。是啊，本來就該是這樣子。

　　就像人的成長，本來也是從趴到爬，爬到走，走到跑，一步一步不斷往前邁進。

我們總不能要求一個坐在嬰兒車裡剛學會吃飯的嬰兒，不準把食物撒得滿地都是，還要姿態優雅、正襟危坐地切著牛排、喝著紅酒吧？還是只要看到嬰兒一邊亂七八糟地丟食物，還一邊知道把食物塞進嘴巴裡面咀嚼，我們就知道他很正常、有飢餓感，有能力活下去而心滿意足呢？選擇也有輕重緩急，效益也有時機考量。

> 選擇也有輕重緩急，
> 效益也有時機考量。

三、選擇是否可以改？

除了最大效益以及事態的輕重緩急，另外一個大家最常問的問題就是，如果主題選擇不對了，那我應該怎麼辦呢？

這個答案實在太簡單了，一個字，「改」啊！

專案，本來不就是「從不確定到確定的遊戲」嗎？既然一路都存在不確定性，走著走著過程中，一旦感覺到自己好像比較想要什麼，當然可以隨時修正。

就像前面這兩兄弟，誰規定那個一開始選擇傳統媒體工作的哥哥，工作個二、三年之後，不可以選擇

跳槽，不可以被挖角，而一定要在第一家公司工作到老死？

說不定，他們兩個雙胞胎兄弟常常會交換工作心得，可能工作個幾年之後，哥哥被弟弟影響而決定跳槽到類似的網路媒體或網路公司。就算不是到騰訊，而是到另一種網路新聞模式的公司，例如「今日頭條」，也許就會讓他們兩兄弟的生活型態和工作模式，甚至是資產累積速度變得旗鼓相當。

當然也可能有另外的反向操作，因為哥哥在傳統媒體，所以生活節奏和緩，也許收入沒有非常的豐厚，但是家庭生活和身體健康都顧得上。反而是弟弟，因為網路產業高強度的壓力，讓家庭和身體健康都出現問題，結果不是哥哥轉換到網路公司，而是弟弟決定跳槽到傳統行業。要知道，選擇永遠沒有最好，隨時調整修正就好。

> 選擇永遠沒有最好，
> 隨時調整修正就好。

這也是我常常和別人分享，或者告誡自己的，不要在沒有理性分析的情況之下，就決定要做什麼專案。

首先，不管是「金錢」或者「時間」，都是有限的

「稀缺」資源，我們一定要謹慎選擇，讓資源能夠盡量發揮「最大效益」。

其次，不要好高騖遠，選擇自己不匹配的主題。

這就像我才剛學會慢跑5公里，就決定參加下個月的42公里全程馬拉松，只因為我覺得報名費差不多，參加長距離，效益比較大。那麼結果顯而易見的，我肯定會在比賽中搞死自己，不只花了報名費，最後可能還要花醫藥費。

倒不如先參加個10公里的短程馬拉松，讓自己習慣一下，這才是符合事情的「輕重緩急」。

最後，完全不要擔心自己的主題在選定之後，專案就不能再改。永遠不要忘記專案就是一場「從不確定到確定的遊戲」，只要情況變了、假設變了、甚至是心態變了，我們都可以針對自己認為最好的方向「隨時調整」。

問題	郝哥一句話幫你解析
1. 怎麼選擇會最好？	選擇以最大效益為準。
2. 為什麼要這麼選？	選擇必須有輕重緩急。
3. 選擇是否可以改？	選擇能隨時隨地調整。

圖9-1選擇專案主題最常問的3大問題

「課後練習」

1.試著舉例過去曾經做過的專案，有沒有用「最大效益」的概念或數字計算來選擇主題？

2.在人生或是工作上，有沒有專案進行到一半之後，覺得需要轉換甚至放棄？事後看待這樣的調整，你會給予這專案什麼樣的評價？

第 **10** 章

專案目標
該怎麼設定專案目標？

- 目標是一個暫時的確定
- 夢想再大也要從小開始

目標，為了指引
也為了修正

當主題選定完畢之後，接下來最重要工作是設定目標。在這個階段，主要關注以下三個問題：

一、目標設定內容要注意什麼？

二、目標設定到底是合不合理？

三、目標設定如何有利於執行？

一、目標設定內容要注意什麼？

目標內容，要有「執行行動」意義；
「數字」與「時間」二者雙管齊下。

譬如說，某人想在半年之內減重6公斤、想在一年之內唸完12本書、想在一個月之內跑完200公里、想一年攢下20萬的存款；又或者公司希望下半年的銷售額比上半年增加50%、想生產製造的良率在一個月之內從60%提升到80%、想明年的會員數比今年增加一倍以上……。

圖表10-1 時間與數字的意義

以上列舉的個人與公司目標設定，有兩個非常重要的關鍵，那就是需要具備「數字」，一定要有「時間」。

唯有這兩個重要的條件同時成立，目標才具有「可操作性」與「可執行性」。打個比方，你要減肥，誰知道你要減多少公斤？又從什麼時候開始減，什麼時候達到減肥目的？

又比如說，常常聽到很多人告訴我，他想賺大錢，這是他最重要的人生目標。問題是，你想賺的「大錢」是多少錢？然後，你又希望「什麼時候」達到這個賺大錢的目標？

這是設定目標的一個非常重要、基本的前提：「數字」和「時間」缺一不可。

舉例來說，你只告訴我，你想賺大錢是指賺到2,000萬，可是缺了達成的時間。如果我讓你選，這個2,000萬，你選擇80歲才能賺到，還是30歲就能賺到？相信問題一出來，你一定會選擇30歲，也就是說，「時間」因素和「數字」因素同樣重要。

二、目標設定到底是合不合理？

與其仰賴天縱英明的合理目標；

不如團隊邊做邊看地修正目標。

除此之外，每當設定目標的時候，公司內部最常聽到的抱怨或意見就是：

「老闆訂這個什麼目標啊？」

「老闆為什麼要這樣訂目標？」

「老闆知不知道要怎麼『合理』訂目標啊？」

……（無限抱怨）。

在回答這種抱怨問題之前，先想想自己設定目標的時候，又是什麼情況？

例如，當我們說要在半年之內減重6公斤，或是一年之內讀完12本書，我們等於是對「自己」這個老闆，許下了目標設定的承諾。

問題是，你真的清楚自己這個「老闆」設定的目標「合理」嗎？我相信很多人其實也不清楚，但是就算不清楚這個目標到底合不合理，好歹心目中也要有個數字和時間，才能夠邊做、邊看、邊「修正」。

況且，除了自己當老闆之外，我們也了解自己，也是自己的員工，所以在設定這個目標的時候，某種程度上也大概知道自己的時間安排，以及可以採用什麼樣的方法以最大的機會去達到這目標。

也就是說，我們對自己的「底細」也算清楚，是自

己的「末梢神經」，也才有機會訂定一個完成機率比較大的目標。

但如果回到公司老闆的角色，他訂定目標的時候，真正能夠幫他確定目標的，並不是他自己而已，更是身為所有「末梢神經」的員工，也就是我們這群「幕僚」。

透過所有員工、所有團隊，針對外界所有的「底細」，持續不斷地收集資料，持續不斷地「摸底」，然後幫助老闆分析，協助老闆得到正確的回饋，才能真正得到所有團隊心中具有共識的目標。

因為公司和個人一樣，目標需要「邊做、邊看、邊修正」。換句話說，老闆的目標需要員工的回饋；所有的目標都是暫時的確定。

> 老闆的目標需要員工的回饋；
> 所有的目標都是暫時的確定。

三、目標設定如何有利於執行？

合抱之木，生於毫末；

九層之臺，起於累土；

千里之行，始於足下；

一切目標，從小開始。

知道了設定目標的時候，需要具備「數字」和「時間」兩個關鍵，以及目標本身就是一個暫時的確定，可以邊做邊看邊修正之後，接著來關注執行目標的心法，只要記住超級重要的四個字：「少就是多」。也就是將大目標，「拆分」成小目標：

- 讓一切從少少的小目標開始；
- 然後變做多多的大目標完成。

簡單來說，就算爬高山，也必須從山腳下慢慢一步一腳印往上攀登。就算想完成萬里之行，也必須從眼下慢慢一步一腳印往前邁進。正所謂登高必自卑，行遠必自邇。

這也是為什麼我常常告訴別人，也告誡自己的，夢想可以很偉大，目標必須從小做起。

每一個小目標，一直持續累積，一直不斷往前，就會像滾雪球一般，逐漸地變成很大很大的目標，然後離我們夢想越來越近。

我也常常說，就算你沒有遠大目標和遠大夢想，傻傻一點一滴地做，說不定有一天抬起頭來，發覺你已經

走得很遠了。

　　就像如果我告訴你，一年跑步里程數必須累積365公里，乍聽之下也許覺得很可怕，心想「我怎麼可能做得到？」但如果我告訴你，每一天只要花10分鐘的時間慢跑或快走1公里，你可能立馬覺得「這也太容易了吧？」當你執行一年之後，算一下不也是「一年走365公里」嗎？

圖表10-2 小目標的4大執行優勢

所以，「少就是多」在專案目標執行上，是一個極度重要的核心做法。這方法體現在實際操作上，把你想要在一段長時間內達成的大目標，「拆分」成一小段一小段短時間的小目標。

「少就是多」之所以能夠發揮這麼大的關鍵力量，讓我們從過程的「不確定」，一步一腳印地達到我們想要的「確定」目標，主要優勢體現在四個方面：

1. 降低心理防禦

就像前面提到的案例，一年不管是走或跑365公里，光聽到這麼龐大的數字，心裡很容易不自覺地產生恐懼或排斥感，但是如果告訴你，每一天只要走1公里或10分鐘，你可能就不會產生任何的負面情緒。

同樣的，就像我訂閱一個大陸說書App音頻產品，在那App裡面有海量的知識音頻任你吸收，然後一年之內不限時間隨便聽，定價365元人民幣。雖然價錢算實惠，但最重要的還是App主打文案告訴你，「每天只要一塊人民幣，就可以讓你無限暢聽。」

多可怕的宣傳文案啊，這個「每天只要一塊人民幣」，完全突破我心理防禦機制，一不小心就剁手訂閱了。

另外，像之前我撰寫新書的過程當中，計畫性地把

每一章大概規畫四個小節，每一個小節差不多只有500字，所以每天寫一個小節，大概只會花費我15分鐘左右的時間，四天就寫完了一章。

目標微小不易啟動心理防禦，目標微小容易做得更為長久。因此，別人可能認為寫書壓力很大，對我而言卻只是每天15分鐘的事，而不會產生寫完一整本書的厚重壓力。到最後總共20多章的書，就這樣每天500多字，不到三個月的時間就完成了。

> 目標微小不易啟動心理防禦，
> 目標微小容易做得更為長久。

2. 放到最先排序

另外將大目標拆分成小目標的時候，你會有機會把它放在很多待辦事項的最前面。對於達成重要目標而言，這種「放到最先排序」就變得格外有意義。

舉個例子來說，每個人都曉得要養成運動習慣，讓自己身體健康是非常重要的事情，但是每天要做的事情這麼多，再加上如果一早沒有做完運動的話，到了下班回家，拖著疲憊的身軀，要想繼續做運動更不容易。

要命的是，不知道從什麼時候開始，社會開始提

倡一次運動至少得達到30分鐘以上，這個「30分鐘」浮現在腦袋裡面，就會跟各種活動開始「比較」和「排序」，例如：

「先吃個晚飯，再來運動好了⋯⋯」
「先看個韓劇，再來運動好了⋯⋯」
「先刷短影片，再來運動好了⋯⋯」
「先回個簡訊，再來運動好了⋯⋯」
「先打個遊戲，再來運動好了⋯⋯」
「先罵個小孩，再來運動好了⋯⋯」

然後，再接著然後，再然後⋯⋯，最後終於決定：

「先洗澡睡覺，明天再運動好了⋯⋯」

這樣的場景，是不是非常熟悉？

現在，我們把每天運動的時間「目標」，設定成「5分鐘」呢？

這個時候，所有的「比較」和「排序」，很有可能因為這個「5分鐘運動」實在是短的可以，而改變最後的結論：

「先做個運動，再來＿＿＿好了。」

瞧，因為時間很短，短到不像話，短到不會啟動你的心理防禦機制，短到你覺得做這件事情是輕鬆愉快的事情，短到你想把它放在第一順位做完，可以立刻產生完成的「成就感」，然後你就「做完」了。

這個時候也許有人會說，郝哥啊，每天運動5分鐘會不會太少啊？5分鐘會不會沒有運動到？每次遇到這種問題，我最常的答覆就是：

「只要有運動，再少的運動都有運動到。」
「想要多運動，結果沒運動就沒運動到。」

每天就算只有5分鐘，一年下來也有1825分鐘啊！貪多嚼不爛，持久比多重要。

3. 增加修正頻率

切割拆分目標還有一個非常重要的概念，就是讓我們增加自己的「修正頻率」。

畢竟未來是不確定的，如果修正的頻率越高，就可以即時調整，降低偏離目標的風險。

況且修正的頻率越高，需要改善的幅度不會太大，

長此以往，也比較容易建立「改善習慣」。一旦養成好習慣，就是一股強大的力量。

例如一般公司在年初的時候，會針對當年度的計畫訂定預算總目標，既然是計畫，這個總目標的每一個階段，也一定會有階段性的小目標。

隨著時間流逝與實際情況，這些小目標和實際發生的數字，其產生的差異以及更新的資訊，可以幫我們即時修正計畫。

我進入創投產業看過非常多公司，很多在年初設定預算之後，能夠每個月審視實際發生的銷售額數字，比較出當初預算計畫的差異，然後做出修正的公司，已經算很不錯的了。

甚至還有很多公司，實際狀況發生就發生了，根本沒有和原來的計畫做比較，甚至是為了召開董事會才一季做一次修正，在這種情況下，目標常常偏離航道甚遠，慘不忍睹。

所以，修正的目的是為了改善，是為了更好。因此，透過把目標拆分得越小，讓修正頻率增加，不僅讓分析差異的工作負擔不會太大，就算需要調整、修改目標，幅度也不會太大，如此一來，更容易建立「改善目標」的習慣。

試想，一年365天……我們如果……

設定每季一個小目標，一年修正機會就有4次；

設定每月一個小目標，一年修正機會就有12次；

設定每週一個小目標，一年修正機會就有52次；

設定每天一個小目標，一年修正機會就有365次。

　　大家想想看，到底是一年大幅度修改4次的差異比較大？還是非常小幅度地修改365次的差異比較大？

　　到底是一年大幅度修改4次比較容易建立「改善目標」的習慣？還是非常小幅度地修改365次比較容易建立「改善目標」的習慣？只要這樣想，目標拆分越小，修正頻率越高；修正頻率越高，改善習慣易成。

> 目標拆分越小，修正頻率越高；
> 修正頻率越高，改善習慣易成。

4. 降低損失風險

　　最後一個拆分目標的優勢，其實是前面所有優勢延伸的結果，也就是降低損失風險。

　　拿前面的案例來說明，如果一季才修正一次目標，萬一這段期間執行的策略方向出現非常大的錯誤，就代

表我們已經錯失了三個月的調整時間，以及可能造成極大的成本損失。

但是如果每週修正一次，我們三個月總共修正12次，那麼自然而然相對於一季修正一次來說，就有較多機會可以彈性調整過程當中可能的執行錯誤。

以我職涯第一份半導體工作為例，就是每週做一次滾動預算，每週預測未來一年半市場動態、對公司營運影響，還有所有財務數字可能的結果。

在這種情況之下，幾乎是週週做預測、週週做決策、週週做調整、週週做修正，一旦發生重大事件，不管是好是壞，是要增加人力或是凍結招募、擴大產能還是縮減投資，都能夠非常迅速即時的動態處理。

如此一來，不僅能夠彈性地掌握商機，最重要的，還能夠降低公司延遲反應的損失風險。

總之，針對目標設定三大問題，我的回答是：

- 在「內容定義」上，能夠清楚訂出「數字時間」。
- 在「合理與否」上，不要糾結而是「邊做邊修」。
- 在「執行過程」上，拆分目標銘記「少就是多」。

如此一來，更容易建立團隊的共識，讓專案順利推動。

問題	郝哥一句話幫你解析
1. 目標內容要注意什麼？	能夠清楚訂出「數字時間」。
2. 目標到底是合不合理？	不要糾結而是「邊做邊修」。
3. 目標如何有利於執行？	拆分目標銘記「少就是多」。

圖10-3 專案目標需要關注的3大問題

(課後練習)

1. 讀完本章之後，你覺得如果有人叫你設定每天走路運動的目標，到底是大家常說的每天行走1萬步比較好？還是少一點，例如1千步這樣就好？

2. 以參加考試或是馬拉松比賽為例，要如何明確把「數字」和「時間」放在目標裡？（例如：下個月數學期中考要進步10分，三個月後半馬的比賽，成績要小於2小時。）

3. 可否以自己的生活或工作為例，舉一個長期目標，試著拆分成小目標，看看最小能夠到多短的時間？例如，以每個月為一個小目標，或者以每週、每天為一個小目標？

第11章

專案任務
該怎麼安排專案任務？

- 任務就是要做得又好又對
- 任務就是別做白工或遺漏

任務，永遠要
同步對準目標

當目標設定完畢之後，接著就是每天往目標邁進的「任務執行」了，我這邊執行用的英文單字是Task，也就是以往瀑布式專案管理常說的WBS（Work Breakdown Structure）。

在任務執行這個環節，根據過去經驗，最常被問到的問題大概有四類：

一、任務有沒有同步更新？

二、任務有沒有對準目標？

三、任務有沒有有效產出？

四、任務有沒有清楚分工？

一、任務有沒有同步更新？

從進入職場第一份工作開始，我就養成了一個非常重要習慣，每天一定會找個時間，不管是10分鐘或15分鐘，再短都沒有關係，一定要跟自己的直屬老闆和重要工作夥伴，分享交流以及「同步」彼此訊息。這個習慣，事實上也是第一位老闆一點一滴帶著我逐漸養成的。

第一份工作既然是初入職場，看什麼事情都很新鮮，但也是做什麼事情都戰戰兢兢。那時候，直屬老闆除了每天早上固定晨會，帶著我們五、六個人簡短地輪流報告和指派工作之外，其他時間不管是揪著我們去吸煙室、茶水間或餐廳，總會分享他得到的新資訊，甚至更新、修改原來指派給我們的任務。

當時我們每個人都是身兼不同專案的專案經理，所以他特別提點我們，一定不能偷懶，要常常走動，不僅和自己的老闆，更要和每個專案的關鍵人物、負責決策的主管，了解一下有沒有新的資訊變動，才能夠隨時掌握專案的進度，以及是不是應該修正目標或是任務。

就這樣，資訊「同步」這個概念，慢慢地變成了我生活或工作上一個非常重要的習慣。不論後來換了多少個老闆，每個辦公室、吸煙室、茶水間、交誼廳或咖啡廳等等，都是我每天花時間「同步」資訊隨手可得的場所。

　　後來工作經歷變多，也在職場上碰到很多的好友或同仁，他們常常抱怨老闆指令改來改去，又或是老闆明明知道有些資訊已經更動，卻沒有提早告訴他們，讓他們做了好長一段時間的白工。

　　每當我聽到這種抱怨或是不滿，我就會告訴他們：

　　「從來都是員工向老闆報告。」
　　「你有看過老闆向員工報告的道理嗎？」
　　「不管有空沒空，每天花點時間和老闆聊天。」
　　「一則和老闆報告，一則了解老闆有沒有新的資訊。」
　　「如此一來，雙方不就『同步』了嗎？」

　　簡單來說，不管是老闆，或者專案上、工作中合作的夥伴，想了解是否有更新資訊，千萬不要被動等待。凡事「主動」，凡事「積極」，每天一點點時間，和老闆以及合作夥伴聊聊天，交換心得、交換進度，就可以

達成「同步資訊」這個最關鍵重要的任務，也讓我們可以適時地修正任務的方向。總的來說，同步，就是每天必做任務；主動，是同步的核心思維。

> 同步，就是每天必做任務；
> 主動，是同步的核心思維。

二、任務有沒有對準目標？

所有的工作或任務，投入心力都是為了「達成目標」，要不然那就不叫「任務」，而是個人的興趣娛樂或耍廢休閒了。

例如，你設立了一年要跑365公里的目標，那麼你每天的小目標就是跑1公里。如果你跑1公里需要10分鐘，那麼你每天任務，就是要跑步10分鐘。

又如果，我把在三個月之內寫一本書當成目標，經過計算之後，分配這三個月每一天的小目標，如果每天要寫500字左右，而我寫500字差不多要花30分鐘，那麼我每天的任務，就是寫作30分鐘。

看完前面這兩個例子，你可以清楚知道「任務」的安排，必須明確地對準目標。

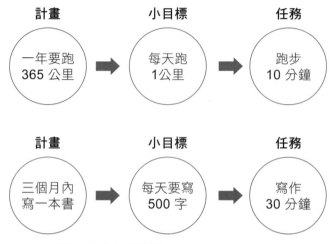

圖表11-1 任務如何與目標對焦

　　但假設說第一個例子中，你每天設定的任務不是慢跑10分鐘，而是去健身房重訓或玩運動App；第二個例子，也沒有排定每天寫作30分鐘，而是改為尋找更好的寫作軟體，那麼顯而易見的，這兩個例子的任務都沒有和目標對焦。

　　這並不是說，你不可以去健身房重訓，或尋找運動App以及寫作軟體，只是這兩項工作沒有對準你原來計畫的「想要」，沒有辦法幫你達成目標。換句話說，針對這兩項工作，必須先把「對準目標」的任務做到了，其他事另外做或再找時間做，這才是「對準」的精神。

　　在職場上，為什麼很多員工常常有，「沒有功勞也

有苦勞，沒有苦勞也很疲勞」的感覺，其中最重要的關鍵，就是自己進行的任務，是不是有「對準」老闆或公司交辦的目標。

事實上，不管是老闆、公司甚至是自己，從來都期望能夠，達到對準目標的功勞，而非遠離目標的苦勞。

一旦沒有對準目標，疲勞的不只是你，甚至還包含跟著你一起投入心血，卻獲得不如預期結果的團隊。

之前我在大陸淡馬錫集團的時候，帶領一組金融產品開發專案，就同時發生了兩個人員「非常努力」執行工作，但任務卻沒有對準目標的情況。

其中一個是採購人員，他花了近二、三天的時間，拼命地準備資訊系統供應廠商的價格成本分析和資格認證資料，結果他卻完全沒有注意到我們的會議記錄，討論結果已經改為共用集團內系統，而不需要對外採購。

另外一個是銷售人員，他花了好多天時間，拼命地針對他負責的企業客戶，推銷我們計畫推出的理財產品，但是同樣的，他在推銷的同時，卻沒有注意到我們在產品發布會上，已經取消了其中三個非常重要的瑕疵商品。

這兩個案例，都源自兩位辛苦的工作人員，他們非常努力地埋頭苦幹，卻忽略了要「同步」已經更新的資訊。

更關鍵的，是他們拼命幹活完成的任務，不僅沒有對準目標，辛苦的心血沒有辦法帶來任何的績效，甚至還有可能因為沒有對準目標，而帶給外界錯誤的承諾，引發企業不必要的風險。

記得，不要傻傻悶聲不響「埋頭」苦幹，而要隨時對準目標「抬頭」苦幹。從資訊的「同步」，到目標的「對準」，對任何專案而言，都是在「任務執行」這一環非常重要的事情。

> 不要傻傻悶聲不響「埋頭」苦幹，
> 而要隨時對準目標「抬頭」苦幹。

三、任務有沒有有效產出？

網路行銷廣告有所謂的A／B測試，例如有A、B兩種不同行銷文案，或是A、B兩種不同產品形象照片，當你不知道採用哪一種比較好的時候，就可以同時丟到網路上面，看看哪一個比較受到客戶歡迎，哪一個受消費者青睞進而下單。

假設是A方案勝出，就代表A方案是「受到歡迎、受消費者青睞進而下單」的文案或相片。這就是很重要的

「有效產出」，也是讓A方案最終被採用，大量進行廣告投放的有效方案。

因為我們的目標就是讓消費者下單，總不會有人硬是要推出B方案這個沒有任何客戶喜歡、沒有任何客戶消費下單，甚至也沒有帶給公司任何有效產出的「任務」吧？

對待客戶如此，進行內部專案或日常工作的時候也是一樣。記得在大陸工作的時候，從籌畫公司到營運，一開始大大小小同時進行了近30幾個專案，免不了有呈現各種不同進度的報告。

有人用郵件寄報告給我；

有人用訊息傳報告到我的手機；

有人在系統上面呈現報告；

還有人列印厚厚一大疊的紙本進度報告……。

過了一段時間之後，我實在忍不住了，直接請那位列印紙本報告給我的工作人員過來，並詢問他到底有誰針對這份列印報告給過他建議？

他說，他只是被交辦要列印報告，但是從來沒有人給過他任何建議。

既然如此，我請他先停止列印紙本（因為已經有了

各種樣式的電子版資訊），並且觀察看看對此有沒有任何人向他抱怨。

結果過了一個禮拜、二個禮拜、三個禮拜之後，我持續不斷地詢問，他告訴我，似乎根本沒有人發現已經不提供這份紙本報告了。

我正式告訴他，以後不需要再列印了。他也開開心心地接受「解除」這項任務。

有時候，我們不僅要「增加任務」，也要適時地「解除任務」。

尤其是當任務不能有效產出，沒人需要產出。

專案經理也要懂得壯士斷腕、解除任務，才不會浪費資源做白工，讓人只有疲勞，沒有功勞。

四、任務有沒有清楚分工？

沒有用的任務必須解除，然而有用的任務一定要及時完成，不可以遺漏或脫隊。所以，所有的任務都必須有人負責，不可以有灰色地帶。

這個部分，就是大家常說的「分工」，最怕以下兩句話：

你以為別人要做。

別人以為你要做。

很多人也許會認為，團隊合作最重要的目的，是大家建立良好默契，遇到沒有人做的事情，可以互相補位。

問題是，如果沒有人知道有這個工作，又或是沒有人知道誰該去補位，那就不是默契的問題，而是在整個任務安排上的問題了。

所以說，「分工」很重要，「補位」很重要。但是，確認「有分工」，確認「有補位」，這件事情更重要。

這就回到，為什麼我的老闆每天要我們這些專案經理開晨會，這段簡短的時間除了更新資訊，也可以隨時彈性調整任務和工作。

像「敏捷式專案管理」也有每天15分鐘的站立會議，其中除了了解成員彼此的工作之外，最重要的關鍵，是即時的任務分派和調整，避免會有漏接、脫隊的情況。

說穿了，就是一個字：「盯」。分工必須靠盯；補位也需靠盯。

分工必須靠盯；
補位也需靠盯。

不要以為充分授權，就不需要「盯」，其實，「盯」的目的是：

- 既可以同步訊息；
- 也可以對準目標；
- 也避免無效產出；
- 也能夠有效分工；
- 甚至是及時補位。

說到底，每天不要只有正經八百的開會。

不要小看吸煙室、茶水間、咖啡聽、交誼廳甚至是遊戲間，只要能夠交流，能夠同步，這些行為就是一種盯。盯著專案，盯著目標，盯著任務，讓所有的付出都能夠變成最後的功勞。

問題	郝哥一句話幫你解析
1. 任務有沒有同步更新？	也就是適時地修正。
2. 任務有沒有對準目標？	也就是不要做偏了。
3. 任務有沒有有效產出？	也就是避免做白工。
4. 任務有沒有清楚分工？	也就是小心有遺漏。

圖表11-2 執行任務最常見的4大問題

（課後練習）

1. 試著以個人今年的目標來看，你所安排的任務是不是有對準目標，並且即時更新，最終能夠有效產出？

2. 對於你的直屬老闆，或是平日的合作夥伴、高階主管，你是怎麼做到彼此「同步」工作，或是「同步」專案訊息？

第12章

專案工具
怎麼選擇專案工具？

- 工欲善其事
- 必先利其器

工具，不要變成
枷鎖的刑具

　　記得剛開始擔任專案經理的時候，手邊最簡單記錄專案的工具，是微軟Office的Excel作業系統，使用的方式也非常簡單，單純只把該系統當成畫「甘特圖」的工具。

　　這個甘特圖，其實就是「時間推移圖」，畢竟每一個專案裡面有非常多的任務和活動，每一個任務會經歷一個時間段，而每一個任務的時間段，透過Excel必須呈現兩個重點：

- 原來計畫的開始和結束時間
- 實際執行的開始和結束時間

　　然後將所有任務放在一起，就變成了「時間推移圖」。

　　如此不僅可以非常清楚地讓所有專案團隊知道，到底我們在專案的每個任務是「提前」？「準時」？還是「落後」？也可以讓專案成員針對每一個任務狀態，採取不同的工作反應。這就是我們一開始在管理專案中使用的最基本工具。

　　當然，大家也知道，微軟Excel作業系統本來就不是專為專案管理設計的軟體工具。

　　Excel只是被「借用」來畫「時間推移圖」。

　　但是，「So what？」（那又怎樣？）

　　很「夠用」、很「好用」、也很「常用」啊！

　　反正那個時候的我們，只想表達「時間進度」，如果有人不太熟習Excel系統，改用微軟其他Word、PowerPoint系統都可以，只要能夠清楚呈現專案的任務和進行狀況，想用什麼都好。

　　這就讓我想到那句有名的順口溜：不管黑貓還是白貓，能抓老鼠就是好貓。

　　接下來隨著管理專案項目增加，接觸工具也越來

越多，更多不同的工具因應專案管理而開發，功能越專業、強大，也越能滿足各種不同需求。缺點是，工具操作也越來越複雜，需要花時間學習，更是讓「選擇專案工具」這件事情變得格外需要費心挑選。

這麼多年下來，每當有人問我，要怎麼選擇專案管理工具，我都告訴他們，簡單問自己三個問題就行，看看軟體工具有沒有符合下列三大需求：

一、有沒有匹配需求？
二、會不會很難操作？
三、要不要花時間學？

其實，總的來說，只要回答這三個問題，你就可以知道這個工具有沒有符合三個條件：

- 夠用
- 好用
- 常用

就像前面的Excel一樣，只要符合這「三用」，大概不差，一定會是個不錯用的工具。

接下來進一步分享這三個問題，以及其所帶出的

「夠用、好用、常用」這三個條件應該怎麼樣思考。

一、有沒有匹配需求？

先不說其他人了，我身為資深專案經理，以前在選擇專案工具的時候，最希望這些軟體工具能夠具備各種功能，才可以「有備無患」、「未雨綢繆」。

所以，在挑選工具或專案軟體的時候，隨著自己專業程度提升，讓我對工具的「功能」要求，往往到最後變成「不求最好，但求最多」。而這些聰明的專案軟體工具供應商，也懂得如何抓住了我心，常常告訴我說：

「未來擴充功能，複雜度會變得更麻煩」
「未來擴充功能，可能會要花更多成本」

所以到最後，我很容易選擇一個功能非常「完善」，但是大多數功能並不一定會用到的專案管理工具。

譬如，除了一般時程計畫和實際完成比較的功能，以及負責人和專案任務之間的相互關聯之外，更多其他的專業專案功能類似：

專案整體描述和目標設定、專案成員組織架構、簽核流程、文件管理（有時候還包含文件掃描功能）、文件簽核郵件短訊通知、專案開始或是延遲郵件短訊通知、和其他公司內部系統之間的整合連結……。

那時候不是「人在江湖，身不由己」，反而更像「當局者迷，旁觀者清」。一直持續執著在專案工具的功能完備上，直到有人好心的提醒我，我才驚覺……要做的專案還沒有開始，工具的選擇反成為專案。

還好我有自省能力，幾次下來，終於覺悟平常專案「實際上」、「最頻繁」會使用到的幾個功能，例如時程掌控、任務輸出，以及負責人員等等，只要任何工具具備這些功能，就真的「夠用」了。

實在不用搞一些大而無當的東西。

就跟大家使用的智慧手機道理一樣，真正常用功能，可能不到完整手機功能的一小部分。

所以針對專案「需求」這件事情，除非執行的專案本身屬於特殊專業，例如石油探勘、高樓營造、IC設計等等，這些專案都有特殊的專案工具與之匹配。

要不然針對一般企業組織的需求來看，「匹配」很重要，功能「夠用」就好。

至於你問我什麼叫做「夠用」的專案工具？

答案是，「用了才知道」！

尤其是，現在許多專案管理工具都是免費的；或是基本功能免費，進階功能收費；又或是一段時間讓你免費試用，一段時間之後才開始採訂閱收費制。

像這種貼心的使用模式，其實是因為商家或軟體廠商知道，真正好的專案管理工具，絕對不是追求無止境的功能提升，而是「匹配」和「夠用」。

所以說，既然商家都已經這麼貼心地提供免費試用，或是免費使用。那就不要客氣，好好地試試看、用用看。所有的匹配跟夠用，都是「試了才知道」，「用了才知道」。

> 試了才知道，
> 用了才知道。

二、會不會很難操作？

當專案工具的選擇，不再追求「完美」的功能，而是關注「匹配」和「夠用」之後，第二個要重視的就是，千萬不要讓幫助你的工具，變成了阻礙你的麻煩。

換句話說，工具一定要非常「容易上手」、非常

「好用」，才不會讓專案成員花過多的時間去學習使用，增加大家工作負擔，對專案產生不必要的負面情緒。

記得在大陸淡馬錫集團工作的時候，有一次在選擇新的專案工具軟體時，其中有一個大家蠻喜歡的工具，但功能需要成員直接將任務輸入系統中，而不是大家原來習慣的方式，可以把原來Excel上面建立的任務細項直接上傳到系統中。

這種操作方式，對於團隊來說，就是「不好用」，後來我們毅然決然地捨棄了這個軟體。

還有另外一次專案工具的選擇，屬於「專案呈現」的「好用」案例。

一般來說，任務「延遲」或是「準時」，大多只用「日期」來顯現，這種方式沒有很「直觀」。團隊必須認真查看，原來計畫和實際上的時間差異，才知道任務是按時完成還是已經延遲了。

後來雀屏中選的專案工具，雖然功能不是最複雜、最齊全的，但是針對每一項任務用簡單的「綠燈」代表準時，而「紅燈」代表延遲，非常直觀地讓大家知道每一項專案任務進度。

就是因為這麼一個小小的「好用」功能，讓大家給予這個工具非常高的評價。選擇專案工具，夠用反而簡

單，簡單反而好用。

> 夠用反而簡單，
> 簡單反而好用。

三、要不要花時間學？

很多人覺得工具「好用」已經是非常貼心的選擇了。但是，「沒有最好，只有更好」，除了好用之外，更重要的是，你能否進一步選擇一個讓大家「常用」的工具。

思考關鍵在於，如果這個工具原本已經是大家「常用」的，那麼肯定原來就「好用」、也「夠用」。如此一來，根本不需大家討論，也沒有學習的必要，這工具當然不會成為推動專案過程中的任何障礙與阻力。

然而，「真的有這樣的專案工具嗎？」很多人心中一定會這樣問。

記得在幾年前，我接手承辦了公司一場大型運動賽事的專案，身為專案經理，我為了大家溝通方便，能夠隨時掌握專案進度，又可以整理所有專案進行中的文件、相片檔案等等，有必要選擇一個「夠用又好用」的

專案工具。

　　不過那時候我看了一下，所有專案參與的成員，除了核心團隊的四個人之外，還包含公司內部的支援人員、外部承辦廠商，以及參與運動賽事過程中加油助興的表演團隊。專案成員來自四面八方，各行各業，年齡層更上下跨度達到祖孫三輩，是要怎麼挑選「夠用又好用」的專案工具呢，我看著現有的專業軟體工具，怎樣都挑不出來。

　　這裡最重要的關鍵，是我沒有充足的時間把大家集合起來，讓大家「學習」和「習慣」新的專案工具。

　　最後，又突然想到我一開始使用的Excel了！

　　「Excel並不是專業的專案工具啊！」
　　「但我還不是用得很開心。」

　　誰說「專案工具」，一定要在「專業」的專案工具裡面去找？

　　就這麼一個簡單的思維轉換，我開始思考有哪些日常軟體或App工具，符合我掌握進度、日常溝通、文件紀錄、相片歸檔等等需求，然後又讓下至年輕人，上至阿公阿嬤，都可以立刻上手、不用培訓、不用學習。

　　你覺得，最有可能雀屏中選的軟體是什麼？

沒錯，你可能猜對了！

最後，通訊軟體「Line」成為了我的專案工具。

因為Line不僅「夠用」、「好用」，最重要的是，本來大家就「常用」。

最後也確實證明，使用Line來進行專案之後，不僅在使用上完全沒有培訓跟學習的障礙，而且不管是投票功能、記事本功能、相簿功能，以及檔案儲存功能等等，都非常的「夠用又好用」。

令我莞爾的是，辦完這個運動賽事，偶爾閒聊間我問大家喜不喜歡這場專案管理工具的時候，很多人反應都是：「啥？我們有用專案管理工具嗎？」

聽到這種回答，我心中噹了一聲想：「BINGO！（賓果！）這就對了！」

總之，選擇「夠用」、「好用」和「常用」的專案工具，可以避免不必要的三個負面影響：

- 額外成本
- 學習障礙
- 抗拒心理

最重要的是，能讓工具真的成為工具，而不是成為專案推動枷鎖的刑具。

問題	郝哥一句話幫你解析
1. 有沒有匹配需求？	夠用就好。
2. 會不會很難操作？	好用就好。
3. 要不要花時間學？	常用就好。

圖表12-1 了解專案工具必問的3大問題

課後練習

1. 列舉你熟悉或使用過的專業軟體工具，並且分享你最喜歡哪一種工具，以及你喜歡的原因。

2. 試著思考「夠用」、「好用」和「常用」三要素，對照你最近進行的專案，想想如果要選擇的話，你會選擇什麼樣的專案工具？

第 **13** 章

專案時間
怎麼訂有效專案期限？

- 不要可有可無
- 而要放手一搏

期限，
要成為必須的承諾

　　每當和別人聊天談到「專案期限」的時候，不管個人也好，或是公司企業也罷，我通常會問他們同樣的兩個問題，那就是：

「爲什麼專案目標會訂在這個期限？」
「如果期限到了，做不到會怎麼樣？」

　　不要小看這兩個問題，如果清楚回答了這兩個問題，專案的成敗也差不多可以斷定了。這裡舉兩個我曾

經碰到的例子給大家分享：

一位相識多年的好友告訴我，他要減肥，想在三個月之內減10公斤，接著我同樣地問他兩個問題：

「為什麼要在三個月之內減10公斤？」
「如果三個月時間到了，沒減10公斤會怎麼樣？」

接著他告訴我說：

「我就『想』在三個月之內減10公斤。」
「如果沒達到？那就繼續努力就好啦！」

聽到這樣的回答，請問你覺得這位老兄達成的機率是高還是低？

又比如，之前我碰到一位老闆，他交辦員工執行一項專案，希望能夠在三個月之內增加線上會員數達到10萬人，我也同樣地問他：

「為什麼要在三個月之內達到？」
「如果沒有在三個月達到，又會怎麼樣？」

結果他告訴我的答案，和前面那位老兄很類似：

「我就是『想』在三個月之內一鼓作氣試試看。」

「如果沒有達到，我們只能再想其他的方法。」

聽完這樣的回覆之後，請問你認為這位老闆達成目標的機率是高還是低？

姑且先不論我這位好友、這位老闆的意志力堅強與否，或是他們自己以及專案經理的能力強弱與否，最重要的是，這些答案體現的關鍵是：

- 期限的設定沒有特殊「意義」。
- 期限的承諾沒有任何「壓力」。

所謂沒有「意義」，就是我知道我要做，但是我不知道我為什麼這樣做。

就像我知道要減肥，但是我不知道為什麼要在三個月之內減10公斤？就像我知道要增加線上會員數，但是我不知道為什麼要在三個月之內增加到10萬人？

這就是知其然，但是不知其所以然。

也就是不知「為何而戰」，既然不知為何而戰，那麼這場戰爭勝出的機會肯定非常渺茫。

另外，沒有「壓力」就更直白了，就是不管做得到、做不到，後果都沒有什麼太大的影響。

減肥三個月不成功沒關係，會員數三個月沒達標也沒事。請問這種「可有可無」的時間計畫，到底是憑藉著什麼動力，讓一個人或一個團隊可以為專案全力以赴、赴湯蹈火？

不管是「獎賞的激勵」、或「懲罰的恐懼」，如果都不在推進專案前行的動力裡，那麼可想而知，會達標的可能性也微乎其微。

所以，為什麼要讓專案期限呈現「意義」？以及，為什麼要讓專案期限存在明顯「壓力」？就是要避免兩件事：

- 不知為何而戰；
- 就怕可有可無。

因為這兩件事，會大大地阻撓專案前進的動力。

所以，為了避免發生這兩件事情，我們可以在實際專案計畫開始的時候，透過三種不同的方式，把「意義」和「壓力」同時加在專案的期限上，進而增加所有專案成員，又或是自己在達成目標時候的驅動力。

這三種方式分別是：

一、法定時間

二、約定獎懲

三、公告天下

一、法定時間

一般的考試、比賽，或是認證、驗收等等，都有提前公告的期限，這種「期限」就屬於法定的時間。

其「意義」是必須要「通過認證」或是「合格驗收」；「壓力」則是時間一旦定了，你只能依照這個時間，不能隨意改變。

例如我的一位創業家好友，他是專門幫手機零配件代工的電子企業，一直以來都為幾個國際級大客戶開發和製造新產品。

為了維持訂單品質，這些大客戶會定期來工廠訪視和檢查，如果訪廠過關，客戶才會下單。如果沒有過關，就要限期內改善，若期限內改善不如預期，訂單就很可能成為泡影。

所以，像工廠驗收期限的訂定，其意義非常明確，就是能不能取得客戶的訂單，而壓力來自於必須在期限之前，改善工廠規格以符合客戶的要求。

此外，在個人方面，像是學生經歷的各種升學考

試，道理也是一樣的。每一年不管是國中升高中、高中升大學、大學到研究所，考試時間一旦定了，對於想繼續升學的這個「意義」，還有必須準時參加考試的「壓力」，都定了下來了。

另外，就算是休閒娛樂也可以有同樣的法定時間。像我們常常參加各種運動比賽，就是一例。

平常跑步歸跑步、騎車歸騎車，開開心心、輕輕鬆鬆的情況之下，通常進步效果比較有限。但是一旦報名參加比賽，就算不和別人較勁，比賽當天要完成賽事的意義和壓力，也會在自己心中自然而然形成一股動力，驅使自己在平常訓練和練習的時候更加努力。

二、約定獎懲

所謂約定獎懲，大家最熟悉的不外乎是銷售人員每月、每季、每年都會有的銷售競賽，以及各公司不同的獎勵制度。

在每個不同的期間之內，能達到什麼樣的銷售目標，公司就會給予福利或激勵。約定獎懲的期限，本身就是一種相互約定的「壓力」。

譬如月目標、季目標，年目標，就是公司和銷售人

員之間約定的期限。

至於「意義」也非常簡單、非常直覺地連結到每一個人可以獲取的獎金上，甚至是組織內晉升的機會。

另一個有趣的案例，就要說到我一位好朋友的減肥故事了。

大概在幾年以前，一位鐵哥兒們，因為創業的關係搞得生活三餐和作息都不正常，短時間之內體重直線飆升，不僅三高嚴重，甚至因為脊椎承受過大的壓力，時不時壓迫到神經，還有幾次造成昏厥的情況。

後來我們另外一位長輩祭出了殺手鐧，逼得他和我們簽下一紙合約，合約規定他必須在一年的時間之內減重20公斤，要不然他就得輸給我們10萬元台幣。

我這位兄弟，一則因為長輩都出馬了，實在不好意思說不，二則也實在是自己的身體亮起紅燈，如果健康真的不保，那麼事業再好也沒用，所以毅然決然地簽下了這份君子協定。

事情就是這樣有趣，一旦有了合約訂下的期限，加上明確的罰金，意義和壓力就同時具備了。

結果，不到一年的時間，只花了七個月，這位好兄弟就減重22公斤，還同時完成了全程馬拉松的比賽和鐵人三項。

由此可見，就算是私人合意的契約，只要戴上意義

和壓力的帽子，離目標的距離就會越發地靠近。

三、公告天下

最後一個方式叫做「公告天下」，就是把你要做的事情，讓全天下的人知道。這種做法看似沒有強制性的法定時間，也沒有私人合意的約定，但是仍然可能持續不斷地推著我們往前走。

簡單來說，當你讓天下人都知道你要做這件事情的時候，不管原因是什麼，「意義」是你昭告自己要完成這件事情的承諾，「壓力」來自於大家都會盯著你，看你是否會如預期地兌現這個承諾。

拿我自己來說，記得2015年底剛開始騎公路車上陽明山的時候，每個禮拜就算只騎一次風櫃嘴，都會把自己累得跟狗一樣，更不要說和一群車友騎車的過程當中，每次我都是最後那個讓別人等待的人。

就算別人不會說什麼，但還有點自尊心的我，總覺得過意不去又尷尬不已。

後來有一天突發奇想，一方面督促自己練車強化體力，一方面想要自己突破紀錄，便決定昭告所有車友，自己要在100天之內，天天連續騎上陽明山冷水坑，也就

是「百天百登冷水坑」的計畫。

而且我不僅嘴巴說，還在臉書上公告，然後每天凌晨四、五點騎車上山，抵達終點的冷水坑拍照打卡，上傳臉書作為每天承諾的布告。

說實話，沒人逼你幹活，自己逼自己幹活，動力總是欠缺那麼一點。

不過一旦公告天下，與其說是讓大家逼著自己，倒不如說是讓一群人看著自己、陪伴自己、鼓勵自己，並且持續不斷地強化自己做這件事情的動力。

就這樣，經過100天之後，我不僅順利實現這個「百天百登冷水坑」的計畫，更在最後一天百登的時候，感動萬分地有一大群在過程中曾陪我騎乘、以及看著我臉書完成百登的車友，一起從山下出發，緩緩騎上冷水坑山頂，共同經歷並分享這專案，完成最後一哩路的難得喜悅。

說實話，最後完成「百天百登冷水坑」，和眾人在山頂合影的時候，心中很深刻的浮現兩句話：

「知道自己想去哪裡，全世界都為你讓路」；
「真心想完成一件事，全世界都會來幫忙」。

總而言之，不論是個人或組織，每當在設定專案期限的時候，別忘了問自己兩個問題：

「為什麼專案目標訂在這個期限？」

「如果時間到了，做不到會怎麼樣？」

　　因為這兩個問題，可以明確專案的「意義」和「壓力」。而有意義，才會讓行動有毅力；有壓力，才會讓推進有動力。

> 有意義，才會讓行動有毅力；
> 有壓力，才會讓推進有動力。

問題	郝哥一句話幫你解析
1. 為什麼訂這個期限？	意義要明確。
2. 期限沒完成的後果？	壓力是動力。

圖表13-1 了解專案期限的2大問題

課後練習

1. 思考自己明年想要完成的一個計畫或目標，設訂期限後問自己本章的兩個重要問題，看看能否得出明確的意義和壓力？

2. 同樣找一個自己在工作上的專案，看看能否透過文中兩個問題，檢視這個專案有無具備充分的意義和壓力，並成為推進專案的驅動力？

第14章

專案團隊
如何籌組強大專案團隊？

- 專案與公司是命運共同體
- 好的專案制度就能找對人

團隊，就是專注
共同目標

　　從台積電、力晶集團到淡馬錫，一路走來，自己參
與過、主導過也管理過非常多的專案。後來加入大亞創
投擔任合夥人，更看過非常多不同產業類別的公司，不
論是新創企業本身就是一種專案，或是為了推動內部新
產品、新服務，又或是組織變革的各類型專案，總的來
說，參與專案的成員，也就是「人」，所扮演的角色是
顯現專案績效最為至關重要的因素。

　　歸納起來，只要說到專案成員，又或者專案團隊的
組建，最常遇到的不外乎就是兩個終極問題：

一、什麼樣的「成員」適合加入專案？

二、什麼樣的「組合」對專案較有利？

針對第一個問題，其實大家都心知肚明，希望能夠找有「意願」，又有「能力」的專案成員。

因為沒有意願，又沒有能力的人參加專案，只是來添亂的。但是有能力、沒有意願，這種低積極度的態度，肯定對專案會有負面的影響。至於有意願卻能力不足的專案成員，只能看專案的執行期間，專案經理有沒有能耐培養他的能力了。

所以「意願和能力」兼備，才是最佳的成員選擇。

至於第二個問題，是把維度拉高，不是只看個人，而是看整個專案團隊發揮的戰力，關鍵主要就是兩個字：「默契」。

如果所有團隊成員，能夠把專案的事當成自己的事，可以看待專案目標大於個人利益，然後成員之間遇到困難的時候，又能夠互相補位、支持，那麼顯而易見的，這樣的組合在專案成立之初，已經成功一半了。

與其說，組建專案成員的時候，要好好回答前述的兩個問題，倒不如在規畫專案制度上，優先考慮篩選「意願」、「能力」這兩項，並且把「默契」這個虛無縹緲的名詞，透過流程的設計，一點一滴地建立起來。

在我輔導過專案管理的企業裡面，就曾經有一家公司讓我非常驚艷，到現在為止，我不僅常常把他們的案例拿出來分享，甚至還有許多其他的公司也依樣畫葫蘆，得到了非常好的成效。

接著，我也同樣地把他們的故事在本章中和大家分享。

這家公司一開始和我合作的時候，就把「做好專案」當成了一個專案，然後在專案成員的「意願、能力和默契」上面，下足了功夫。

另外，該企業還在公司內部推動，一個「兩少、兩加、兩共同」的專案精神順口溜。什麼是「兩少、兩加、兩共同」呢？其實這代表了六個做好專案的「指導方針」。（參見表14-1）

接著，我來分享這個「兩少、兩加、兩共同」之「做好專案」的專案，如何進行，又是如何達到提升專案成員「意願、能力和默契」的目的。

「兩少」之一──減少專案進行數目

原本每年年初的時候，這家公司會規畫幾十個大型專案來年進行，後來和我認真討論之後，決定試試集中

資源，在一個時間段，先做好「一個專案」，讓大家的目光全都看向那唯一一個專案，讓這個專案像明星一樣受矚目，也等於昭告全公司的人，這是一個精挑細選留下來的重要專案，能夠參加就是一種榮耀。

這是一個增加參與者「意願」的體現。

這裡補充說明，實際上，在年初的時候，本來公司還是由各個部門提報了將近三十幾個中大型專案，但是在一次總經理親自率領的決策會議上，他帶著所有一級主管一起評分篩選，一路下來先篩掉二分之一，再篩掉二分之一，然後經歷痛苦的四輪篩選，以及熱烈的激辯和討論之後，最終留下一個大家共同決定優先進行的專案。

「兩少」之二──減少例行工作負擔

所有專案中的成員，都不是閒閒沒事幹而被選來加入專案的。

越是優秀的專案成員，平日工作越是忙碌，所以怎麼讓這些員工「抽出身來」，也就是減少他們原來例行的工作負擔，是另外一個提升他們「意願」的方式。

這家公司的管理階層，想出了一個試行辦法，就是在專案的執行期間，這些參與專案的員工，必須把他們

原來的工作「分配」出去，被額外分配到工作的員工，也成為專案編制的一員。

雖然他們不執行專案工作，但是他們負責協助這些專案成員原來的工作，讓他們心無旁騖做專案，當然算是「助攻」的角色。

更有趣的是，就算專案成員把工作分配下去，也不代表他完全不管原來的工作，而是從原來的「執行者」變成了「管理者」。他必須教導被分配工作的員工，以及審核他們工作的輸出品質。

在專案執行過程中，直至專案結束之後，專案成員和助攻的角色，要互相給予對方積極的回饋，以及未來如何更好地提供建議，這也會成為年度績效考核一個很重要的參考。

顯而易見的，這樣的設計，不僅激勵了參與專案的成員，也激勵了其他幫忙助攻的非專案成員。

這一連串的做法，主要目的也是為了提升大家的「意願」。

我們常常說「能者多勞」，但是如果讓能者真的多勞到最後，除了功勞之外，可能會更加疲勞，反而產生類似績效懲罰的感覺，那麼這種「能者多勞」對公司來說就頗為不妙了。這也是為什麼這家公司，把「能者多勞」，改成「能者分勞」，讓大家一起承擔工作，一起分

享功勞。

　　這樣不僅能夠培養更多的「能者」，也可以避免「能者」因為過度疲勞，而產生倦怠或績效下滑的情況，反而得不償失。

「兩加」之一──增加專案遴選高度

　　當專案的數目減少到只剩下一個，而且又允許專案成員可以把原來的例行工作分配出去，讓專案成員學會新的技能，產生新的績效。

　　在這種情況之下，這個獨一無二的專案，就變得極具吸引人，而且還「僧多粥少」，因此這家公司的專案成員不用指派，就一堆人躍躍欲試想參與，所以最後管理階層一改以往「指派」成員的方式，而改用「報名遴選」來組建專案團隊。

　　報名參與的過程更是五花八門的有趣，這些專案候選人除了要提供書面審核，還要用簡單的3分鐘短片介紹自己，陳述為什麼想參與專案，以及自己具備什麼樣的能力來支持專案。

　　記得當初這家公司只要六名專案核心人員，最後竟然有將近60位員工報名。接著，公司初選篩選出12位候

選人，然後把他們的短片和資料放到公司內部網站上，讓大家投票遴選，最後由前六名高票的員工當選。

如此一來，不僅在初選的過程中，可以先篩選具有「意願和能力」的專案候選人，還能藉著內部投票，觀察這些未來的專案成員們，平日和部門同事的工作「默契」到底如何。很多時候，有能力是一回事，但是有人氣的員工，往往可能是與他人合作最有默契的那一位。

「兩加」之二──增加參與的組織獎勵

就算個人有參與意願，但是每個部門少了原有的強將，就算有助攻角色幫忙分擔原有工作，還是會讓部門主管有工作績效降低的疑慮。換句話說，還是會減少原有部門主管的「意願」。

所以這家公司老闆決定，凡是參與專案成員的直屬主管，也都納入專案編制的「助攻」角色，而且在專案進行中，要定期參與專案會議，不僅適時地給予專案計畫建議，也要在執行過程中，給予專案工作的相關支持。

這些所有的紀錄，都會成為專案成員直屬主管績效考核的重要依據。

後來這間公司，甚至把屬下有無參與專案，以及支

持專案的績效是否被肯定，當作部門主管未來「晉升」很重要的一個必要條件。

公司這樣做的邏輯很簡單，如果要內部「晉升」，就代表你不僅有更上一層樓的能力，也同時具備培養接班人的思維。讓屬下去參與專案，學習面對不確定環境下的解決問題方式，就是培養屬下具備接班人的實力。

一旦這種制度建立之後，不僅是專案成員，更包含專案成員的主管，都大幅提升了積極參與專案的「意願」。當然，也間接增加了專案和原有組織功能之間的合作「默契」。

「兩共同」之一——專案成員共同計畫

在一開始描述專案範疇，以及想要達到的目標，這間公司都沒有給出具體的定量化數據，反而是等到專案團隊成員確定之後，才交給這些團隊成員所有目標、任務和時間的相關細部規畫。當初他們的設計理念是：

- 專案的計畫由專案成員自己設計。
- 設計的計畫由專案成員自己執行。

　　如此一來，不僅整個計畫的執行從開始到過程，讓所有成員都有「歸屬感」，進一步提高他們執行的「意願」。另外，所有計畫是成員們協調、溝通並設訂出的結果，這不僅僅是專案成員的共識，一定也是專案成員和所屬功能部門討論後，所達成一致的結論。

　　如此一來，可以大幅提升成員彼此之間，以及專案和公司組織部門之間的「默契」，增加專案推動的效率和效能。

「兩共同」之二──管理決策共同參與

　　專案計畫由專案小組成員提出之後，最終的拍版定案，除了總經理和資深高階主管之外，也邀請了所有專案成員的直屬主管，還有分擔專案成員工作的「助攻」夥伴們，一起審核並做出決策。

　　至於未來執行過程中的定期專案進度報告，這批人員也被邀請一起參與、分享，並提供寶貴建議。這樣設計的目的主要有三：

1. 首先，確保所有的專案計畫符合總經理和高階主管的期許（專案想要達成的效益並判斷其合理性）。這是

管理階層對未來給予資源的承諾，不僅體現管理階層的「意願」，同時也增加專案成員的「意願」，以及管理階層和專案之間的「默契」。

2. 其次，讓專案成員的主管以及分擔他工作的助攻夥伴了解，在專案過程中，他們要提供什麼樣的資源和幫助。一方面確認協助的可行性，另一方面也讓管理階層給予這些雖然不是專案成員，但是扮演著重要「助攻」角色的人員，同樣的肯定和認可。同上述（1）的作用，再次強化這些助攻者的「意願」，也增加所有人員彼此之間的合作「默契」，讓團隊成員的「能力」能夠如實地發揮。

3. 最後一個目的，其實是讓大家一起「露臉」。雖然做法看似簡單，但卻為所有專案成員背書，在高階主管心目中留下績效考核最重要的印記。很多時候，績效評估最怕老闆說的一句話是：「我對這個員工沒有印象。」所以，要讓所有參與且有貢獻的人「被看見」、「被記住」。這不僅僅是一種尊重，更是讓所有人能夠增加意願、發揮能力、提升默契有效又實惠的方式。

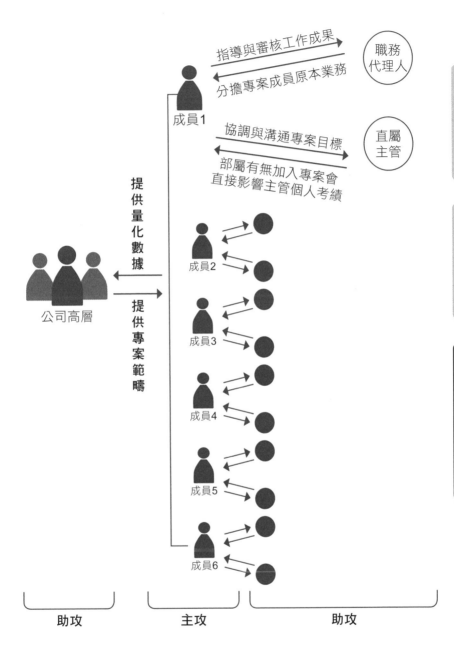

圖表14-1專案角色的關係圖

這就是「兩少、兩加、兩共同」這個「做好專案」的專案分享，也是我輔導過極為落地，極為紮實地把「意願、能力和默契」設計到專案流程中，非常值得大家學習的個案。

總而言之，專案絕對不是只有專案成員的事，而是：

專案成員是主攻，
公司成員是助攻。

不管角色是主攻還是助攻，
所有人意願、能力和默契，
都要當成一個整體，
都要當成一個系統，
都要放在一起考量。

這才是在專案團隊組建上，
真正有利於專案執行推動，
並且極具價值的專案思維。

問題	郝哥一句話幫你解析
1. 何種成員適合加入專案？	「願意」+「能力」。
2. 何種團隊組合對專案有利？	「默契」最關鍵。

圖表14-2 團隊籌組主要2大問題

指導方針		郝哥一句話幫你解析
兩少	減少專案進行數目	留下一個重大專案。
	減少例行工作負擔	從執行者變管理者。
兩加	增加專案遴選高度	提升成員尊榮感受。
	增加參與組織獎勵	調動部門助攻意願。
兩共同	專案成員共同計畫	歸屬感是成就動機。
	管理決策共同參與	成功本是公司的事。

圖表14-3 好專案的6大指導方針

(課後練習)

1. 試著以自己參與或主導過的專案為例，在組建專案團隊的過程中，有關「意願、能力和默契」這三者的考量上，是否都有兼顧到？或是有不盡之處？

2. 除了「意願、能力和默契」之外，你覺得還有哪些重要因素，會影響專案成員的組建，以及未來專案的推動？

專案管理——
玩一場從不確定到確定的遊戲

作者	郝旭烈
商周集團執行長	郭奕伶
視覺顧問	陳栩椿
商業周刊出版部	
總監	林雲
責任編輯	潘玫均
封面設計	林芷伊
內頁排版	点泛視覺設計工作室
插畫	溫國群
出版發行	城邦文化事業股份有限公司 商業周刊
地址	115020 台北市南港區昆陽街 16 號 6 樓
	電話：(02)2505-6789　傳真：(02)2503-6399
讀者服務專線	(02)2510-8888
商周集團網站服務信箱	mailbox@bwnet.com.tw
劃撥帳號	50003033
戶名	英屬蓋曼群島商家庭傳媒股份有限公司城邦分公司
網站	www.businessweekly.com.tw
香港發行所	城邦（香港）出版集團有限公司
	香港灣仔駱克道 193 號東超商業中心 1 樓
	電話：(852)25086231　傳真：(852)25789337
	E-mail：hkcite@biznetvigator.com
製版印刷	中原造像股份有限公司
總經銷	聯合發行股份有限公司　電話：(02) 2917-8022
初版 1 刷	2022 年 3 月
初版 8 刷	2024 年 7 月
定價	320 元
ISBN	978-626-7099-11-7
	9786267099155（PDF）／9786267099162（EPUB）

國家圖書館出版品預行編目 (CIP) 資料

專案管理 : 玩一場從不確定到確定的遊戲 / 郝旭烈著 . -- 初版 .
-- 臺北市 : 城邦文化事業股份有限公司商業周刊 , 2022.03
　面 ；　公分
ISBN 978-626-7099-11-7(平裝)

1.CST: 專案管理
494　　　　　　　　　　　　　　　　　111000420

藍學堂

學習・奇趣・輕鬆讀